しぐさでわかる愛犬の健康と病気—ひと目でわかる!図解

圖解狗狗疾病大百科

東京大學獸醫學副教授 武內尤加莉◎監修
王蘊潔◎譯
專業獸醫師 諶家強◎審訂

前言

有人說，獸醫與小兒科醫生非常類似，因為診治對象，都無法正確傳達自己的症狀。但最令獸醫感到棘手的，並不僅如此，而是動物生病的時候，會用盡各種辦法，將疾病的症狀隱藏起來，這是動物的本能。野生動物如果將自己的弱點暴露出來，將會成為獵食者的目標。因此獸醫必須從動物偽裝弱點的模樣，來診斷罹患的疾病，並加以治療。在這種情況下，身為飼主就必須要如實地將動物的症狀傳達給醫生。

當你的狗出現生病症狀，請拿出這本書，依照檢查的重點，詳加觀察變化。如果症狀繼續加重，請按照檢查重點所提的問題，逐一記錄下來，再將狗帶往獸醫診所接受診療。如此一來，獸醫就能快速掌握狗的情況，決定處理的方式。

筆者與各位讀者一樣，在家中飼養活潑可愛的狗及貓。這本書的內容，則是筆者發現，當飼養的狗及貓出現奇怪的舉止時，應該做怎麼樣的描述，才能正確地將症狀傳達給經驗豐富的醫生。如果家中的狗不生病，當然最好，然而如果能儘早察覺異常狀況，就能早期發現疾病，進而保持健康。希望本書能對每個毛小孩的家長，都有所幫助。

日本東京大學獸醫系副教授
武內尤加莉

目錄

7章 疾病的認識和治療 167

第1章

從動作和症狀認識狗狗疾病

狗狗出現異常舉動，有令人擔心的症狀，表示狗狗的身體發出疾病的訊號。

掉毛

掉毛的六大檢查重點
重點1 掉毛的部位
重點2 掉毛的形狀 是否為圓形？ 左右是否對稱？
重點3 是否會癢？
重點4 吃什麼飼料？
重點5 是否做過結紮手術？
重點6 是否因為其他疾病在接受治療？

如伴有搔癢症狀，飼主比較容易注意到狗狗掉毛的情況；如果沒有搔癢，必須仔細觀察，才能發現是否掉毛。為了及時發現，必須定期為狗狗梳毛，檢查是否有掉毛情況。長毛犬種比較不容易發現掉毛情況，一定要梳毛才能確認。

若因疾病引起的掉毛，只會有部分掉毛的情況發生，這點與換毛期的掉毛不同。不同部位掉毛，能罹患的疾病也會不同。過敏性皮膚炎、荷爾蒙異常、細菌引起的皮膚炎、壓力等，都可能引起掉毛。

可能罹患的疾病

- 過敏性皮膚炎
- 膿皮症
- 黴菌感染
- 荷爾蒙性皮膚炎
- 皮脂漏
- 外寄生蟲感染

重點1 根據掉毛的部位，推測可能罹患的疾病

臉・腿・腋下・背部掉毛

過敏性皮膚炎

臉、腿、腋下和背部掉毛。嚴重時全身可能出現紅斑。

臀部至背部掉毛

跳蚤過敏性皮膚炎

臀部至背部掉毛。尾巴根部和腰周圍的掉毛比較嚴重。

非換毛期的掉毛

通常春季和秋季是換毛的季節。換毛期會全身掉毛，這與疾病引起的部分掉毛不同。春天時，為了迎接夏天的來臨，底毛會掉落。秋天時，為了迎接即將到來的冬天，會密集長出新的底毛。柴犬、黃金獵犬、拉布拉多、薩路基獵犬等有底毛和表毛的犬種比較容易掉毛。每次梳毛都會梳下大量的毛，有時候還會有一整塊的毛掉落的情況。

在室內生活的狗，不容易受到外界氣溫和日照時間的影響，因此一整年都可能會有掉毛的傾向。因此，非換毛期的掉毛，不一定都是疾病引起。

容易掉毛的犬種

黃金獵犬
拉布拉多犬
臘腸狗
柴犬
薩路基獵犬
威爾斯柯基犬
吉娃娃

重點 2

左右對稱的掉毛

（腹部）　　　　（背部）

副腎皮質機能亢進症（庫興氏症候群）

頭部和腳以外的部分，呈左右對稱的掉毛。有時會有色素沉積現象。

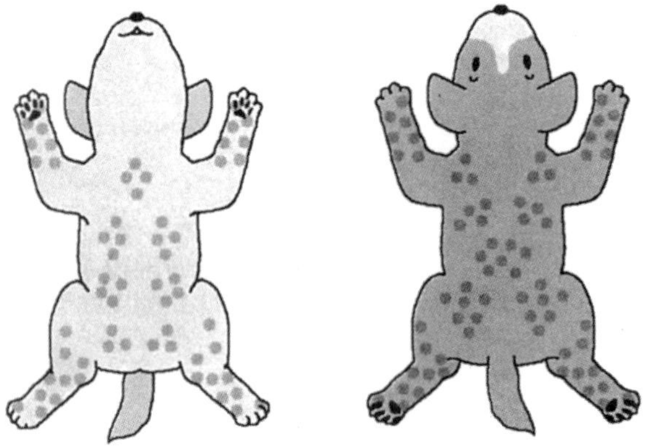

甲狀腺機能衰退症之一

腿部左右對稱的掉毛。

甲狀腺機能衰退症之二

背部和腹部左右對稱的掉毛。

重點 2

圓形掉毛

圓形掉毛。臉、眼睛周圍、耳朵、臉、腳尖等部分都會掉毛
從臉部開始，逐漸擴散至全身

黴菌感染

呈圓形掉毛，惡化時，會擴散到全身。

注意

造成掉毛原因的真菌孢子，首先附著在毛根，菌絲生長進入毛根。受到菌絲侵蝕的毛根變脆而斷裂。真菌感染不是掉毛而是斷毛，因此脫毛的部分會殘留斷裂的短毛。

重點 1

大範圍掉毛

膿皮症

皮膚變紅，出現疹子，會有強烈的搔癢感，咬或抓會掉毛。

臀部周圍、外陰部、下腹部掉毛

荷爾蒙異常引起掉毛

若性荷爾蒙異常導致掉毛，掉毛的部位固定，但不會左右對稱。若卵胞荷爾蒙（女性荷爾蒙）或精巢荷爾蒙（男性荷爾蒙）過剩或缺乏，臀部周圍、外陰部、下腹部後方等都會掉毛。可以使用荷爾蒙劑治療。

檢查狗狗的食物

●維他命、礦物質不足

營養狀態出現問題而引起皮膚病，導致掉毛，是因為維他命和礦物質不足引起。當維他命 A、銅和鋅不足，就會引起皮膚病，造成掉毛。當發生不明原因的掉毛，通常與營養情況有很大的關係，因此先檢查飼料。

重點 1

眼睛和嘴巴周圍掉毛

・外部寄生蟲引起掉毛

毛囊蟲

眼睛和嘴巴周圍等臉部和前腿有部分掉毛或全身都有掉毛現象。

重點 3

舔身體、掉毛

・心理問題引起掉毛

壓力

狗在精神壓力下，會舔自己的腿或咬尾巴，導致掉毛。

重點 6

使用類固醇可能造成掉毛

治療疾病使用的類固醇劑（副腎皮質荷爾蒙）的副作用也會引起掉毛。一旦發現，必須立刻告訴獸醫。

若因類固醇引起的掉毛，可以慢慢減少使用量後停止使用。但千萬不可自行判斷、決定，一定要遵從獸醫指示。

需要使用類固醇治療的疾病

- 過敏性皮膚炎
- 甲狀腺機能亢進症

皮屑

問題皮膚的類型

健康的皮膚，老舊的細胞會經常以肉眼看不到的皮屑剝落。

但是當出現肉眼可視的皮屑，或有異味、搔癢時，表示狗狗可能罹患了疾病。

若皮膚病引起炎症，會加速皮膚的新陳代謝，出現大塊的皮屑。

若心臟功能異常，無法為皮膚提供充分的血液，會加速皮膚的老化，出現大量皮屑。

若副腎皮質荷爾蒙和甲狀腺荷爾蒙分泌異常，也會出現皮屑。

可能罹患的疾病

- 黴菌感染
- 疥癬蟲症
- 耳疥蟲症
- 過敏性皮膚炎
- 皮脂漏
- 副腎皮機能亢進症
- 甲狀腺機能衰退症
- 心絲蟲症
- 心臟病

洗澡觀察皮屑變化

出現皮屑時，請先幫狗狗洗澡。如果洗完澡仍然有皮屑，可能不是污垢而是疾病。

仔細檢查毛皮

將毛皮撥開，以皮屑位置為中心，仔細檢查，同時也要檢查除了皮屑外，是否還有皮膚紅疹。

異常狀況

●有異味

若皮脂腺異常引起大量皮屑，很可能是皮脂漏，最大的特徵就是患部會出現異味。

●搔癢

除了皮屑以外，是否還有搔癢或疹子等症狀。可能是疹癬蟲症、耳疥蟲症或過敏性皮膚炎。

抓身體

狗狗在抓身體時的檢查重點

檢查重點

- □在抓身體的哪個部分？
- □是否有掉毛？
- □是否有皮屑？
- □皮膚是否發紅？
- □皮膚是否腫脹？
- □皮膚上是否有疹子？

看見狗狗在抓身體，請先將毛撥開，檢查皮膚的情況。了解皮膚是否發紅、腫脹或長疹子，還要檢查是否有掉毛或皮屑。如果有這些症狀，可能是皮膚疾病。

如果皮膚沒有異常，很可能是內臟疾病，或者是因為心臟病或腎臟疾病的不舒服或麻痺而抓身體。若荷爾蒙異常，也會引起狗狗掉毛、抓身體。另外還要仔細觀察狗狗，是否有與平時不一樣的動作。

可能罹患的疾病

- 耳疥蟲症
- 毛囊蟲症
- 跳蚤過敏
- 過敏性皮膚炎
- 膿皮症
- 心臟病
- 肝臟疾病
- 腎臟疾病
- 副腎皮質機能亢進症

狗狗抓身體的部位，可以判斷可能罹患的疾病

抓耳朵 ＋ 皮屑、掉毛

耳疥蟲症

因耳朵深處感到搔癢，所以狗狗不停地抓耳朵後方，很可能是耳內蟲寄生的耳疥癬。

抓背 ＋ 皮屑、掉毛

膿皮症、毛囊蟲症

毛囊蟲寄生引起的毛囊蟲症，或是細菌入侵傷口繁殖引起的膿皮症。如果是心絲蟲症導致的心臟病，則是因為血液循環不良導致身體表面麻痺，因此狗狗會拼命想要抓背。

抓鼻子

狗狗經常抓鼻尖或嘴巴周圍，可能是細菌感染引起的膿皮症、黴菌引起的黴菌感染、毛囊蟲引起的毛囊蟲症。由於狗狗經常會直接用鼻子摩擦地面，很容易感染細菌。

抓腹部

若荷爾蒙異常的疾病引起掉毛，狗狗會常抓身體。此時請確認狗狗抓身體的部位，如果是左右對稱的掉毛，很可能是副腎皮質機能亢進症、甲狀腺機能衰退症等疾病。

抓腳趾

腳直接接觸地面，因此容易引起細菌感染。細菌從腳趾傷口等入侵，引起膿皮症和過敏性皮膚炎，都會造成患部的腳趾搔癢，狗狗會不停的抓。

檢查飼料有沒有問題？

飼料可能是引起搔癢的原因

有些會引起搔癢和麻痺的皮膚病，可能沒有明確原因。這時候，必須檢討一下狗狗的營養狀態，是否可能是營養不均衡或食物過敏引起的過敏性皮膚炎。

尤其在換新飼料，要特別小心。請在原來的飼料中逐漸增加新飼料的量，讓狗狗慢慢習慣。同時，也要注意是否有維他命、礦物質不足的情形。

發現跳蚤、壁蝨等外部寄生蟲

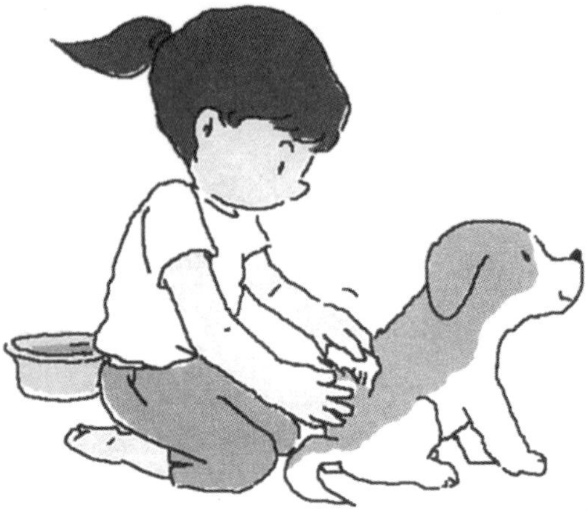

除蚤梳

市面上有賣一種在梳毛同時梳去跳蚤的梳子。使用後，請將梳子放在加入中性洗劑的容器中清洗。

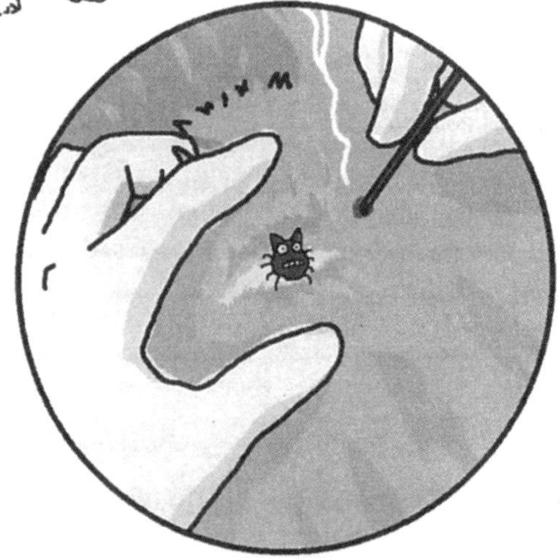

壁蝨

消滅壁蝨，可以用線香或香菸的火靠近，壁蝨感受到熱度，就會離開狗狗的皮膚，但要小心不要燙到狗狗。

聰明除蝨、去跳蚤

●使用驅蚤藥

定期服用有驅蟲效果的內服藥，或定期使用滴在脖子後方的外用藥。

●使用藥浴劑、藥用沐浴劑

市面上有販售除跳蚤、壁蝨的藥浴劑和藥用沐浴劑，或請獸醫開處方。

●打掃、曬陽光消毒

用吸塵器徹底打掃房間的每個角落，使跳蚤、壁蝨無所遁形。打掃時，避免讓狗狗吸入排氣。還要經常清潔狗狗，在太陽下曝曬消毒。可先用熱水浸泡墊子數分鐘，並在陽光下曬乾。

舔身體

最近是否有以下情況？

- ●搬家，換新環境
- ●新的家庭成員加入或曾經寵愛狗狗的家人離開
- ●家裡增加貓或狗等其他動物
- ●開始訓練或開車帶狗外出等生活改變

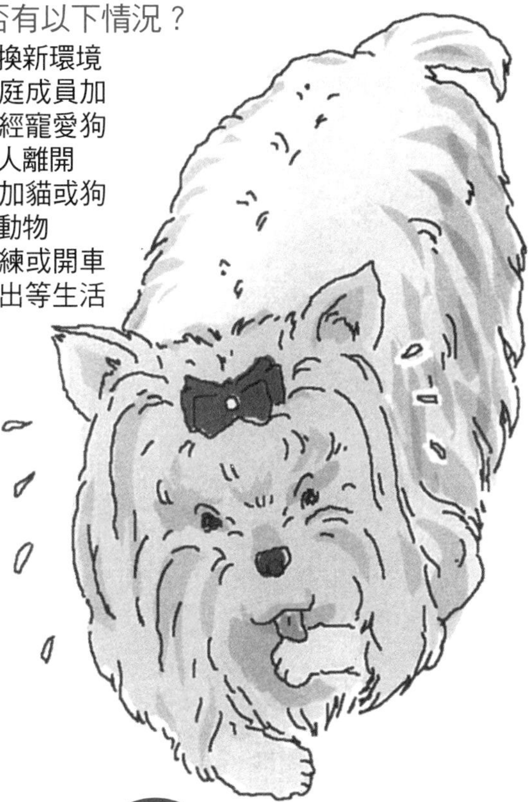

是否還有以下的動作？

檢查重點

- □獨自在家會破壞物品
- □追著自己的尾巴跑
- □不停的追著某樣東西

皮膚病可能引起搔癢或掉毛。但即使沒有外傷和皮膚病症狀，身上也沒有異物時，狗狗也可能不停的舔身體，這很可能是精神壓力引起的，狗狗會藉由舔身體的動作發洩壓力。

如果狗狗不停的舔同個部位，可能是壓力問題。當發現這種情況，不妨檢討是否為環境改變等原因，對狗狗造成壓力。

可能罹患的疾病

- ・過敏性皮膚炎
- ・膿皮症
- ・皮膚癬症
- ・荷爾蒙性皮膚炎
- ・皮脂漏
- ・外部寄生蟲炎

尿量減少

可能罹患的疾病

- 攝護腺炎
- 攝護腺肥大症
- 攝護腺膿瘤
- 尿路結石症
- 腎功能衰竭症
- 膀胱炎

狗狗出現排尿姿勢的檢查重點

尿量減少，可能是尿液製造正常，只是排尿通道阻塞而無法順利排尿，這很可能是攝護腺炎、攝護腺肥大症、攝護腺膿瘤和尿路結石症。無論是哪一種疾病，狗狗都會有正常尿意，所以會出現排尿姿勢。由於無法順利排尿，所以會特別用力，常被飼主誤認為是便秘。3天不排尿會危及生命，一旦發現狗狗排尿異常，請立刻去動物醫院就診。

還可能是無法順利製造尿液引起尿量減少。若腎臟功能衰竭，或原本的腎臟疾病惡化，尿液會減少。

檢查尿液

顏色
- 排出紅色或茶褐色的尿液
- 尿液混濁
- 排出大量無色水般的尿液

姿勢
- 雖然排尿的「架勢」十足，卻排不出尿
- 以彎起背，縮起後腿的姿勢排尿
- 尿液慢慢滴出，缺乏「氣勢」

味道
- 有甜甜的味道
- 與平常的味道不同

次數
- 排尿次數比平時多或少
- 排尿量比平時多或少

排尿是為了了解狗狗健康狀態的重要訊息。平時請仔細觀察狗狗排尿時的姿勢、次數和量的多少、排尿的狀況、顏色等。

導致尿量減少的原因

尿量減少，不一定是疾病引起。尿量會隨著喝水量改變，如果不喝水，尿液當然少。當氣溫和室溫較高，身體的水分流失，尿量也會跟著減少。

狗無法像人一樣流汗，只能加速呼吸，蒸發唾液，調節體溫，所以尿液會減少。發燒時，也會藉由唾液降低體溫，使尿液減少。

尿量增加

尿液檢查重點

□檢查一次的排尿量
□檢查排尿次數

若尿量較多，表示狗狗一定有喝很多水。關於大量飲水，排出大量尿液的疾病很多，最具代表性的就是糖尿病。體態肥胖的狗，要特別警惕。尿崩症、甲狀腺機能亢進症、腎上腺皮質機能亢進症等其他的內分泌疾病，也會讓狗狗拼命喝水，尿量增加。

有時候，狗會因為精神壓力而大量喝水，大量排尿。如果是5歲以下、沒有分娩經驗的母狗，或沒有做結紮手術，很可能是子宮蓄膿症。請快帶去給獸醫檢查。

可能罹患的疾病

- 糖尿病
- 副腎皮質機能亢進症
- 尿崩症
- 甲狀腺機能亢進症
- 腎上腺皮質機能亢進症
- 心理性多飲多尿
- 子宮蓄膿症

注意是否有喝太多水、多尿的狀況

喝水量增加

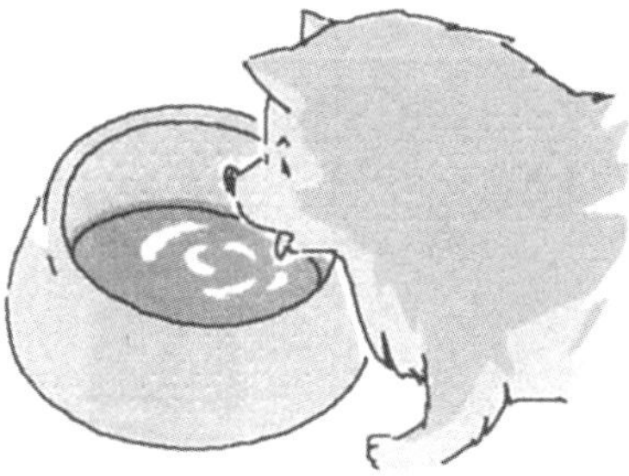

如果沒有氣溫或室溫升高、運動量增加、飼料改為乾食等理由，狗狗大量喝水時，要特別警惕。要確認狗到底喝了多少水。

次數、尿量增加

飼主通常會發現狗狗排尿次數增加的情況。散步時狗狗會為了佔地盤而尿，一般一天排尿 3～5 次屬於正常。若排尿次數增加，但每次排尿量沒有減少，代表整體排尿量也增加。

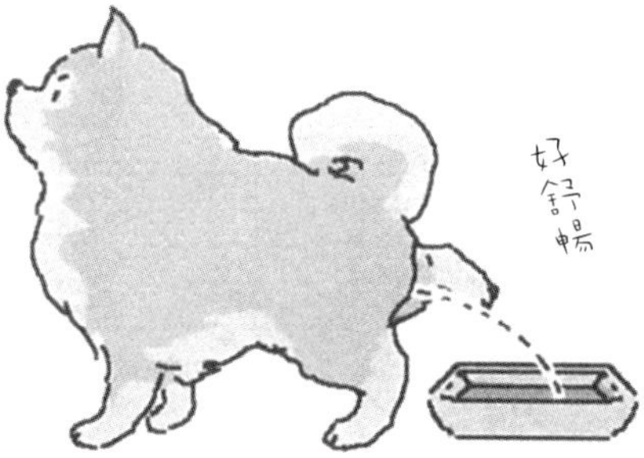

尿的顏色變淡

喝大量的水，尿量增加，尿液會變淡。若是尿崩症，會排出無色水狀液。可觀察尿液的顏色，發現是否有異常。

吃乾食，喝水量會增加

突然大量喝水、大量排尿是疾病的訊號，但飼料的變化也會使飲水量增加。從罐裝的濕型飼料改為乾型飼料，飲水量就會增加。濕型飼料含有 80～85 %的水，乾型飼料的含水量只有 15 %左右，所以要藉由喝水補充不足的水分。因此，改為乾型飼料，喝水量就會增加，不是生病。若狗狗沒有健康方面的問題，不妨讓牠喝個暢快。

因飼料改變而增加喝水量，尿量不會跟著增加。因此，除了喝水量，還要注意排尿次數是否有異常。

尿液呈紅色

血尿的尿液不一定是紅色。若尿中只有少量血液，只會感覺尿液變濃了，若血液量稍微增加，也只會變成茶褐色。若血量更多，就會出現紅葡萄酒般的顏色。如果排出鮮紅的尿液，通常是尿道發炎。若其他泌尿器官出血，血液通常會使尿液變成茶褐色或紅葡萄酒般的顏色。

血尿很可能是膀胱炎、尿道炎、攝護腺炎、攝護腺腫瘤、腎盂腎炎等泌尿器官感染症或尿路結石所導致。

可能罹患的疾病

- 膀胱炎
- 尿道炎
- 攝護腺炎
- 攝護腺腫瘤
- 腎盂腎炎
- 尿路結石症
- 洋蔥中毒
- 心絲蟲症
- 香豆素中毒

尿液呈黃色

收集尿液的注意事項

- ●收集尿液的容器要先洗乾淨
- ●任何容器都可以使用，但尿液遇到空氣會氧化，所以最好選用有蓋子的容器
- ●要直接用容器收集尿液，也可以先用紙杯或塑膠盆收集後，再倒入容器。
- ●只要收集 5～10CC 的尿液就夠了
- ●收集尿液後，如果無法立刻就診，必須放在冰箱中保存

可能罹患的疾病

- ・急性肝炎
- ・慢性肝炎
- ・肝硬化
- ・肝臟功能障礙
- ・鉤端螺旋體病

排出深黃色或金黃色的尿液，是黃疸的訊號。若排出這種尿液，可檢查眼白的部分或皮膚，一定可以發現眼白和皮膚變黃。黃疸是肝臟製造的膽汁成份，是膽紅素溶解在血液中，進入尿液，因而變成黃色。若有肝臟疾病導致肝功能衰退的情形，就會出現黃疸症狀。

除了急性肝炎、慢性肝炎、肝硬化等肝臟疾病，藥物（毒性物質）引起肝臟障礙、黃疸型的鉤端螺旋體病，也可能導致尿液變黃。

尿液顏色變深或變淺

採集尿液的方法

採取尿液時，可用紙杯接尿。
適合尿量較少的小型狗。

大型狗的尿液不容易採集，可以將塑膠盤放在便器上，接住尿液。

有的狗狗只願意在戶外尿尿，由於憋了一整晚的尿，早晨的尿液顏色會特別深。但尿液顏色變深，也可能是疾病引起的。若發燒引起脫水，尿液顏色也會變深，此時不妨量體溫檢查。

尿液顏色狗狗變淺，通常都是尿量增加所致。基本上，狗狗大量喝水，排尿量也會增加，很可能是糖尿病或尿崩症。若罹患慢性腎炎，由於腎臟無法濃縮尿液，也會排出大量淺色的尿液。

可能罹患的疾病

顏色深
- 脫水
- 發燒

顏色淺
- 慢性腎炎
- 糖尿病
- 尿崩症

尿液閃閃發亮

若尿液的顏色和平常不同，請隔一段時間再觀察，多觀察幾次

狗狗排尿後，有時吸收了尿液的泥土或尿布墊上看起來閃閃發亮。尤其是等到尿液乾了後，這種現象更加明顯。

這些發亮的物質是尿液中的成分結晶化所致。當狗狗罹患膀胱炎，尿液中的磷酸鹽會在膀胱中結晶，隨著尿液排出而發亮。

如果不及時治療，結晶會變大，造成尿路結石。因此，若發現尿液發亮，就要帶狗狗給獸醫檢查。

可能罹患的疾病

- 膀胱炎
- 尿路結石症

供應充足的新鮮水，帶牠外出散步，至少 2 次

喝充足的水分，有助於預防膀胱炎等泌尿系統的疾病。除了餵飼料，平時要隨時供應新鮮的水分。

當尿液長時間囤積在膀胱，細菌容易繁殖，導致疾病的發生。為了不讓細菌累積膀胱，避免讓狗狗憋尿。帶狗狗外出散步，可以促進牠喝水、排尿。每天至少要帶狗早晚外出散步各一次。

沒有排便

便秘的觀察重點

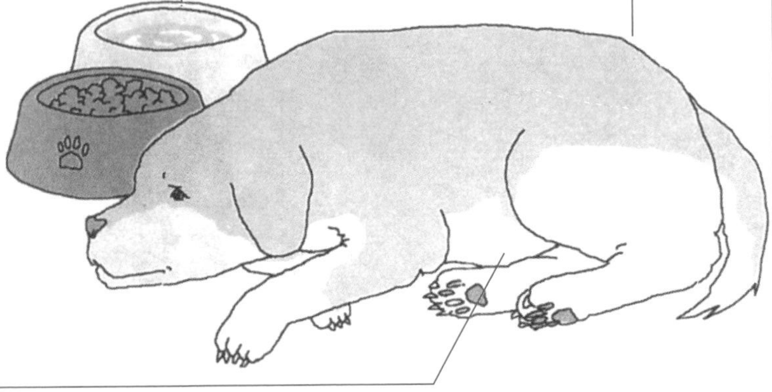

●次數

排便的次數為餵飼料次數加 1 次。如果一整天都沒有排便，就要特別注意。

●誤吞

誤吞玩具，也會引起便秘。檢查狗狗是否用嘴咬過什麼玩具。

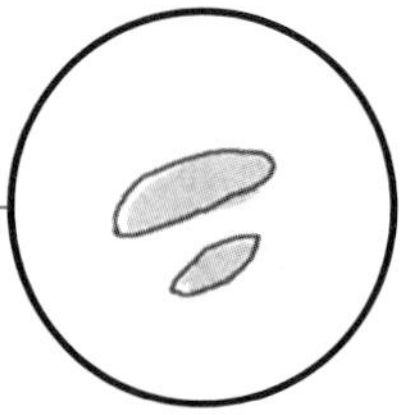

●糞便的狀態

發生便秘時，會排出缺乏水分的硬便。必須經常觀察糞便的狀態，了解便秘的情況。如果經常便秘和腹瀉，就要去醫院檢查。

若排出糞便的直腸受到長期壓迫，會引起便秘，肛門腺會充滿分泌液，引起發炎。

公狗罹患攝護腺炎、攝護腺肥大症、攝護腺腫瘤等攝護腺的疾病，會導致直腸受到壓迫，不易排便。母狗罹患子宮和陰道腫瘤以及炎症，也會引起便秘。

老犬的脊髓障礙會導致腸管鬆弛，或是肛門周圍的肌肉收縮力衰退，而引起便秘。

尿路結石（尤其是膀胱結石）也會引起便秘。

如果是便秘和腹瀉交替出現，除了便秘，還有發燒或呼

可能罹患的疾病

- 脊髓（腰髓）的障礙（神經疾病）
- 產生高燒或呼吸困難的疾病（水分不足）
- 骨盆腔、直腸或肛門受到壓迫的疾病
- 攝護腺疾病（發炎、肥大等）
- 子宮疾病（蓄膿症、肌瘤、腫瘤等）
- 膀胱疾病（膀胱麻痺、結石等）
- 肌門腺腫大、肛門腺炎等

糞便的形成

送入小腸的食物團在胰臟分泌的胰臟液、肝臟分泌的膽汁等消化液作用下，進一步得到消化，並在小腸中移動。在移動期間，覆蓋在小腸表面的黏膜和纖毛會吸收營養。

食物經由嘴巴進入食道，送至胃部。胃部不斷地蠕動，使食物和消化液可以充分混合，混合的食物團會被送入小腸。

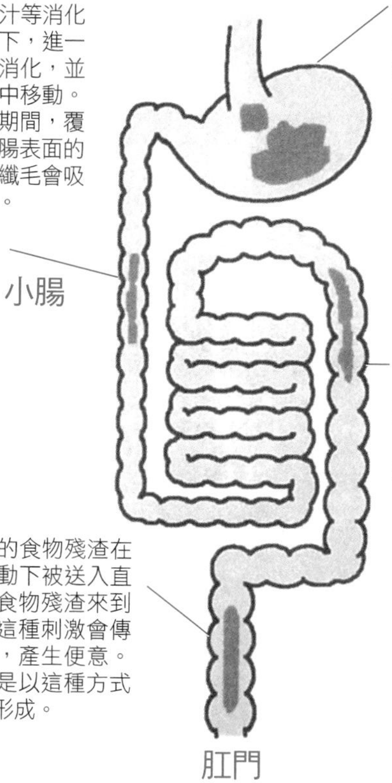

食物經過小腸分解，被送入大腸。在大腸中，水分被吸收，糞便逐漸成形。

大腸裡的食物殘渣在腸的蠕動下被送入直腸。當食物殘渣來到直腸，這種刺激會傳入大腦，產生便意。糞便就是以這種方式在腹腔形成。

●水分

水分減少，糞便就會變硬，必須隨時供應狗狗充足的水分。

●食物

檢查狗狗吃飼料的情況是否正常，飼料是否改變。若沒有吃東西，當然不會排便。

●腹部

持續便秘，腹部會脹氣、隆起。當明顯感受到狗狗腹部隆起，要立刻帶去動物醫院就診。

造成便秘的生活習慣

- ●壓力
- ●排便節奏混亂
- ●運動不足
- ●飼料改變
- ●水分不足
- ●梳毛等保養不足
- ●誤吞異物

如果排便次數少於吃飼料的次數，表示狗狗有便秘。

發現狗狗便秘時，想想狗狗最近是否有什麼壓力？若受到壓力，自律神經的障礙會影響腸功能。運動不足也會使消化道的活動能力衰退，引起便秘。改變散步時間，也會導致排便節奏混亂，造成便秘。

若飼料改變、水分和膳食纖維量不足，容易引起便秘。

疏於梳毛等保養工作，血液循環變差，腸功能衰退，也會引起便秘。長毛犬種的肛門周圍若被毛皮覆蓋，有時候會塞住肛門。

誤吞異物造成腸阻塞會危及生命。要注意環境，避免狗狗誤食。

吸困難，很可能是其他嚴重的疾病，請盡快就醫。

腹瀉

像水一樣的糞便稱為水狀便。由於糞便中的水分增加，導致糞便變軟。若水分較多，就會變成液體狀。

從糞便不僅可以了解腸胃狀況，也可以了解全身健康狀態。腹瀉是最常見的糞便異常，也是身體不佳的訊號。健康的狗狗，大腸吸收水分，糞便呈固體狀。腹瀉時，水分會隨著糞便一起排出體外，容易引起脫水，因此首先要補充足量的水分。

壓力、飼料量和飼料的改變、消化不良等非疾病因素，也是造成腹瀉的原因。但也可能是受到細菌、病毒的感染，或是因為寄生蟲、食物中毒或藥物中毒引起的。腹瀉如果還伴有嘔吐、沒有精神、發燒等症狀，表示很可能罹患疾病，必須立刻去獸醫院就醫。罹患犬小病毒感染症，如果不及時治療，就會危及生命。排出水狀便，也可能是罹患了傳染病。

可能罹患的疾病

- 犬瘟熱
- 犬小病毒感染症
- 輪狀病毒
- 出血性腸炎
- 中毒
- 蛔條、蟯蟲、鞭蟲、鉤蟲等寄生蟲引起的感染
- 球蟲、梨形鞭毛蟲等原蟲感染
- 曲狀桿菌、沙門桿菌等細菌感染
- 食物中毒

發現異狀，請尋找可能原因

- ●是否餵太多飼料？
- ●是否然改變飼料？
- ●是否餵脂肪含量較多的飼料或冷牛奶？
- ●是否環境突然變化造成狗狗的壓力？
- ●是否吃了藥物或有毒物質等異物？
- ●是否吃了過期或壞掉的食物？

排除這些原因後，很可能是細菌、病毒感染或寄生蟲引起的腹瀉。

觀察狗狗一整天的情況

- ●不餵飼料
- ●補充水分

腹瀉時，體內的水分會被排出體外，容易引起脫水，必須定期補充水分。

如果第二天，身體狀況仍有異常，可以帶牠去醫院，向獸醫報告這些情況

- ●最近幾天的身體狀況
- ●腹糞便的狀態
- ●除了腹瀉是否有其他症狀
- ●食慾

排便異常

異常的糞便

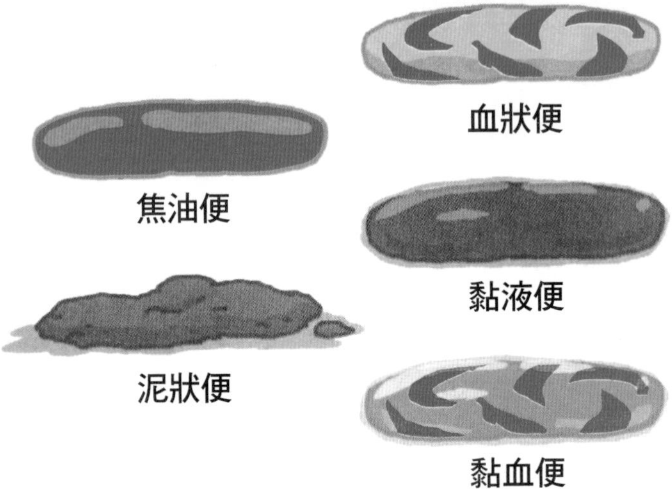

糞便是健康的指標，可以從糞便的形狀了解身體狀態。健康的糞便是緊密的，可以用面紙拿起，呈咖啡色。如果飼料沒有改變，量和次數維持一定，排便的量和次數也會維持不變，味道也會相同。

「血狀便」是混有血的糞便，有時候可能只是糞便的表面沾有血。當發現血狀便，必須立刻緊急送醫。

「黏液便」是糞便表面沾有黏稠的白色黏液，這是腸內的黏液混在糞便中，一起排出體外。表示可能是結腸和直腸等大腸後段出現異常，必須立刻前往獸醫院就醫。

「黏血便」是黏液便混有血液的狀態，代表大腸後段發生異常，一定要立刻就醫治療。

「焦油便」是指黑色的糞便。若距離肛門較遠的胃、十二指腸、小腸等出血，由於不會立刻排便，血的顏色會發生改變，因而變成黑色的糞便，也要立刻就醫。

「泥狀便」是黏稠、像泥土一樣的糞便。如果持續排出泥狀便，就要就醫。

可能罹患的疾病

- 腸的疾病
- 胃的疾病
- 感染症

每天檢查糞便重點

次數

健康的狗狗，每天會在相同的時間、相同的地方排便。排便次數和吃飼料次數相同最理想，如果多於或少於一次，都不會造成不良影響。而小狗吃飼料的次數較多，比成犬排便次數多。

味道

糞便原本就很臭。當身體狀況不佳和生病時，糞便會發出異味。當糞便有酸腐味或腥臭味等，可能是吞食異物或有寄生蟲。

形狀

可以用紙抓起的硬度，代表是健康的糞便。不需要將狗狗在散步時排出的糞便帶回家檢查，只要在清潔時順便檢查即可。了解是否有與平時不同的形狀、顏色或混有異物。

每半年要接受一次糞便檢查

飼主每天為狗狗檢查糞便，有助於狗狗的健康管理。但糞便的異常無法完全靠肉眼發現。

因此，每隔半年，就要去動物醫院接受糞便的檢查。使用顯微鏡進行專業檢查，可以了解是否有細菌、病毒、寄生蟲或原蟲等肉眼看不到的異物。另外，飼主要每天檢查糞便，有助於疾病的早期發現。

若要到獸醫院接受糞便檢查，可以詢問常就診的醫院，了解用怎樣的方式將狗狗的糞便拿去醫院。如果沒有指定的容器，可以放在鋁箔紙塑膠袋等家庭物品裡面，避免乾燥。

獨自在家時搗蛋

獨自在家是否還有以下的行為

❶破壞物品
為了分散飼主不在而感到煩躁的心情，或消除壓力，會破壞家中物品。飼主在家則不會有這些破壞的行為。

❷舔腳趾
會不斷舔身體相同的部位。由於一直舔相同的位，經常會引起皮膚炎。和飼主在一起則不會有舔腳趾的行為。

❸吠叫
飼主外出不到 5 分鐘，就會激烈的吠叫。平時不會亂叫的狗會大聲吠叫，通常都是先影響到鄰居，飼主後來才發現這個問題。

可能罹患的疾病

・分離焦慮症

有些狗雖然平時很乖，但是獨自在家的時候，會在房子裡到處大、小便，

這是一種心理疾病，稱為「分離焦慮症」。狗和飼主分離，會感到不安，結果導致搗蛋等異常行為。也會破壞家中物品、隨便亂叫，或出現食慾不振、暴食、嘔吐、腹瀉、大量流口水、呼吸急促和心跳加速等症狀，

怕寂寞、愛撒嬌的性格是原因之一，但這種心理疾病在很大程度上受到飼主與狗狗間關係的影響。在治療上可使用抗不安的藥物療法和行為療

從狗狗的這些動作，得知分離焦慮的預兆

是否一直跟著飼主，想要吸引飼主的注意力？

飼主回家時，是否過度高興和興奮？

當飼主在外出準備時，是否會表現出坐立難安或興奮的表現？

法。可請教獸醫，尋求適合狗狗的方法。

如果飼主在家，狗狗也會搗蛋，可能患有其他疾病

無論飼主是否在家，狗狗都會搗亂，表示很可能是罹患某種疾病，忍不住隨地尿尿，很可能是膀胱炎；忍不住排便，可能是腹瀉或消化系統的疾病。老犬也有尿失禁的可能，有時候可能是記不住廁所的位置。沒有懷孕、分娩經驗的母狗容易罹患子宮蓄膿症，也會無法控制排泄機能，而發生尿失禁。

發燒

發燒的訊號

狗的體溫比人高，一般為38．5度左右。撫摸狗狗的身體，都會感覺熱熱的，所以，即使狗狗發燒，飼主也不易察覺。當狗狗發燒感到渾身無力，不會告訴飼主。等飼主看到狗狗沒有精神、食慾衰退，和平時不一樣，才會發現狗狗發燒。如果飼主摸狗狗發現冷冰冰的耳朵、腳和尾巴，也是一種異常。

當發現這些異常，請用溫度計為狗狗量一下體溫。最好使用動物專用的體溫計，如果沒有，也可以使用兒童用的電子體溫計。

可能罹患的疾病

- 感染症（梨形鞭毛蟲、犬小病毒感染症、鉤端螺旋體病、細菌性腸炎等）
- 食物中毒
- 藥物中毒（殺蟲劑、滅鼠劑、除草劑等）
- 發炎（胃炎、腸炎、胰臟炎、膽囊炎、腫瘤等全身性的疾病）
- 心臟病和腎藏病
- 骨折挫傷
- 腦障礙
- 中暑

量體溫

1. 將溫度計放在狗的肛門口

溫度計放入狗的肛門，狗會因為緊張收縮肛門。

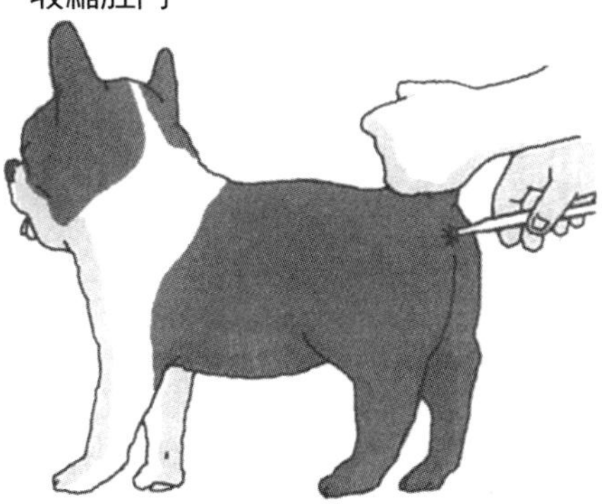

2. 抓住狗尾巴，向上拉起

將狗尾巴向上抓起，狗會自然而然的將肛門張開。

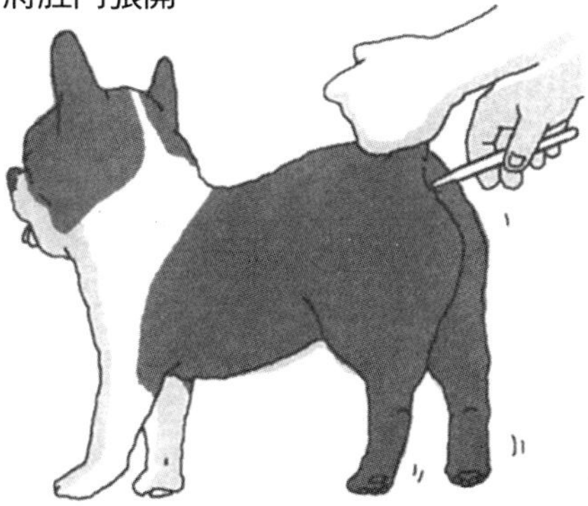

3. 將溫度計插入肛門 3～5 公分

用一隻手抓住尾巴和溫度計，另一隻手支撐身體，使溫度計保持穩定。

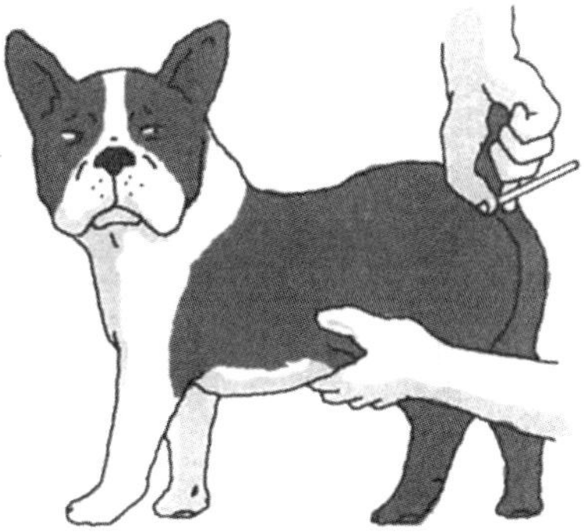

量體溫的重點

❶ 等狗狗安靜才進行

剛散完步，體溫會暫時升高。必須等狗狗安靜下來再量體溫。

❷ 排便後測量

直腸中有糞便，無法測到正確的體溫，必須在排便後測量。

❸ 增加溫度計的潤滑度

可以在溫度計的前端抹上凡士林或嬰兒油、橄欖油，以便溫度計順利滑入肛門。

❹ 發燒時，要多測量幾次

狗的體溫隨時發生變化，可能會突然上升。發燒時，可以多測量幾次。

狗狗的體溫超過39．5度，必須立刻帶去動物醫院檢查。如果沒有超過39度，精神很好，食慾也正常，不妨多觀察一天。如果持續好幾天低溫，不妨帶去獸醫看一下。如果發燒超過40度，必須立刻就醫。

很多疾病都會引起發燒。突然發高燒，很可能是感冒等細菌或病毒感染引起身體的發炎或異常，也可能是呼吸器官、消化器官、泌尿器官的疾病，或心臟病、腎臟疾病。另外，耳朵、眼睛、口腔中的化膿也可能突然引起發燒。當骨折挫傷引起肌肉受傷，也會發燒。食物中毒和誤吞藥物引起的中毒及腦部的疾病也需要列入考慮。

發燒併有其他症狀，可能罹患的疾病

・發燒＋嘔吐、腹瀉

◎曲狀桿菌（Campylobacter）感染症

曲狀桿菌（Campylobacter）會引起腸炎。健康狗狗的腸胃中也會有這種細菌。發作時會引起輕度發燒，或出現腹瀉、嘔吐等症狀。

◎沙門氏桿菌

沙門氏桿菌會在腸內造成感染，引發疾病。除了發燒，還有劇烈的腹瀉、嘔吐、食慾不振、腹痛等症狀，可能突然發作。小狗較容易罹患的急性型，常會發燒超過四十度。

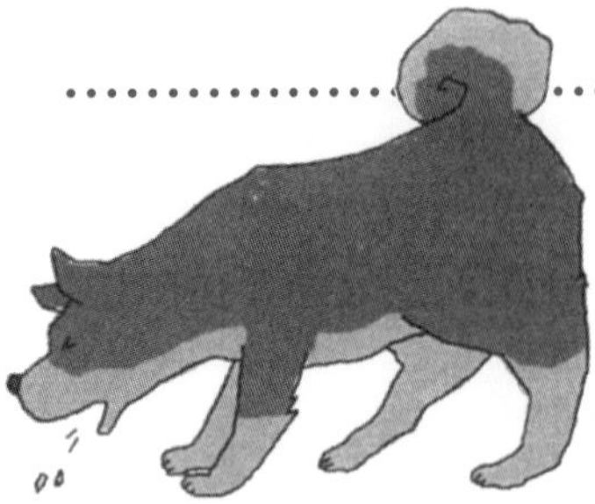

◎犬瘟熱

病毒感染引起的傳染病。會出現發燒、食慾衰退、沒有精神等症狀。犬瘟熱是會引起發燒的典型疾病，但目前預防注射已經十分普遍，所以很少發生。

・發燒＋咳嗽

◎犬舍咳（傳染性支氣管炎）

數種病毒和細菌引起的呼吸器官傳染性疾病，可能在寵物店傳染。發燒情況不會很嚴重，咳嗽是主要症狀，雖然症狀嚴重，但精神卻很好。

◎肺炎

從感冒開始，因支氣管炎或咽喉炎惡化造成。同時會有咳嗽症狀，還會有嘔吐現象。每次呼吸，都會發出沉重的聲音，呼吸會變得急促而淺，會發高燒。

・發燒＋流鼻水或呼吸異常

◎上呼吸道感染症（感冒）

受到病毒或細菌的感染而引起鼻炎、鼻竇炎、咽喉炎、喉頭炎等。上呼吸道感染症會引起發燒，也是最常見的疾病。鼻炎或鼻腔炎會引起流鼻水，若有咽喉炎或喉頭炎，呼吸聲會變大，出現咳嗽症狀。

◎狗傳染性肝炎

只有犬科動物才會感染的病毒性肝炎。若症狀較輕微，只有食慾不振和些微發燒症狀。症狀較嚴重，會有高燒、流鼻水、腹瀉、嘔吐或身體浮腫等症狀。目前，疫苗注射可以預防這種疾病，因此不容易受到感染。

・發燒＋斜頸（歪脖子）

◎中耳炎

鼓膜內側的中耳受到細菌感染引起發炎。除了發燒，還會沒有精神，頭會歪一邊，不喜歡別人摸牠的耳朵或頭部。

◎內耳炎

掌握聽覺和平衡感的內耳發炎。缺乏特徵性的症狀。可能會歪脖子或搖頭。

・發燒＋排尿異常

◎膀胱炎

從尿道進入的細菌入侵膀胱引起的炎症。雖然尿量很少，但排尿次數卻有增加。

由於有膿，尿液顏色會混濁、變深，或是混有血液而變成紅褐色，會有些微發燒症狀。

・發燒＋便秘

◎攝護腺炎

位於公狗膀胱後方的攝護腺（製造精液的生殖器），受到細菌感染引起的炎症。

發炎時，攝護腺會腫脹，壓迫旁邊的直腸，引起便秘。

・發燒＋呼吸困難

◎咽喉腫脹

當氣溫和室溫變高，狗狗會急促的呼吸，這是因為咽喉腫脹造成的疾病。因此氣管可能被阻塞，造成呼吸困難。症狀嚴重時，可能會暴斃。鼻子較短的巴哥狗或西施犬等犬重，或肥胖的狗較容易發生這種疾病。

◎肺水腫

肺中積水浮腫，造成呼吸困難的疾病。當症狀惡化時，無法順利呼吸，導致呼吸困難，而危及生命。趴下時，肺受到壓迫不舒服，所以會坐起來，這是常見於老年犬的疾病。

・發燒＋渾身無力

◎中暑

由於氣溫太高，無法順利散發體熱，所引起的疾病。

被關在車子裡，炎炎烈日下，被綁在院子裡，或正午散步，走在熱騰騰的柏油路上，都可能發生。一旦中暑，體溫會迅速上升到四十一、四十二度。

發燒超過 42 度，需要急救！

當體溫超過 42 度，如果繼續上升，就會對生命造成很大的威脅。中暑時，必須立刻冷卻身體，用水沖身體或泡在水裡最有效。如果無法沖澡，可以用濕毛巾綁在身體上或敷冰塊。

體溫下降後，仍要持續降溫。如果不持續降溫，體溫會再度上升。

發燒時，可以先做應急處理

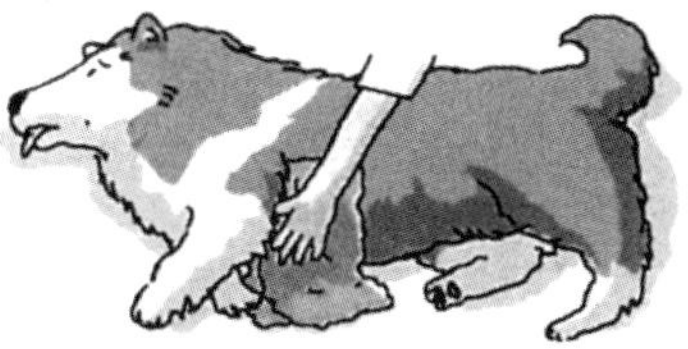

●用冷毛巾敷在胸部

冷卻心臟附近的部位。用濕毛巾或冰枕等冷卻胸部，而不是腹部。

●沖水

可以沖水或泡水冷卻身體。但如果冷卻過度，會使體溫過度降低。體溫下降後，就要停止沖水。

嘔吐

可能罹患的疾病

- 消化器官的障礙（胃炎、十二指腸胃炎、食道或咽喉的炎症、胃擴張、胃潰瘍、胃扭轉、腸道阻塞等）
- 中毒（食物中毒、殺蟲劑、滅鼠劑、除草劑、重金屬等引起的藥物中毒）
- 尿毒症
- 子宮蓄膿症
- 意外造成頭部重創、感染症等
- 誤吞異物
- 飼料變化
- 壓力

許多疾病都會引起嘔吐，最常見的就是腸胃等消化器官的障礙。吞下異物、食物中毒、藥物中毒，都會引起嘔吐。劇烈嘔吐，表示可能受到細菌或病毒的感染。

「什麼時候嘔吐？」是很重要的資訊。是因為飼料而嘔吐？或是在用餐後經過多久才嘔吐？必須仔細觀察狗狗嘔吐的時間。如果在用餐後立刻嘔吐，可能是胃的異常；如果經過幾小時才嘔吐，可能是十二指腸等腸子部分的異常；如果是用餐後過了半天才嘔吐，嘔吐物中有糞便的味道，可能是

請勿慌張，仔細觀察

狗狗嘔吐了！就算很驚訝，也不能慌張，必須仔細觀察嘔吐後的情況。如果只吐一次，還是很有精神，食慾也正常，暫時不必擔心。

如果不停嘔吐，表示很可能罹患了某種疾病。除了嘔吐以外，表示還有其他的症狀，也要特別注意。就醫時，將嘔吐物帶給獸醫看，有助於診斷。

狗狗嘔吐的8

❶ 是否混有血絲？

很可能發生胃炎、誤吞異物或是胃壁受傷、消化道出血。

❷ 是否有糞便的味道？

可能是導致腸逆流的腸道阻塞。

❸ 是否有黃色泡狀物？

很可能是肝臟製造的，分泌在十二指腸內的膽汁逆流，也可能是胃酸過多。

❹ 是否有誤吞藥品或異物的跡象？

是否有玩具遺失，或是藥罐子丟在地上？有時候狗狗可能誤吞高爾夫球、釣竿的鉛錘或是陶器的彩釉，引起鉛中毒。

❺ 想吐卻又吐不出來，不停的空嘔？

若誤吞玩具等異物，想要吐卻又吐不出來，就會不停的乾嘔。

❻ 最近這幾天，頭部是否受過重擊？

當頭部受到重創，腦神經發生異常，也可能引起嘔吐。

❼ 是否發燒？

受到細菌或病毒、寄生蟲感染，通常會同時發燒。

❽是否腹瀉？

劇烈的嘔吐和腹瀉，表示很可能罹患犬小病毒感染症。通常需要急救，必須迅速就診。

腸道阻塞。如果不斷的劇烈嘔吐和腹瀉，可能是嚴重的疾病。

嘔吐的原因很多，只靠嘔吐的症狀很難確定是哪一種疾病引起的。在診斷時，還需要有其他的病徵，所以必須仔細觀察。

吃草

狗有時候會吃草，但狗吃草並不是因為補充蔬菜不足。狗通常會在身體不適時吃草，尤其在腸胃感到不舒服有消化器官的疾病時會吃草。

吃草的行為是經驗的累積，並不是牠們的父母或朋友傳授的，而是一種本能。

狗所吃的草中，有些是具有藥效的藥材。一般狗所吃的草大部分都是較硬的稻科葉子。

狗的牙齒並不適合吃草，所以會將草直接吞下去。因此狗吃了草，會很快將草吐出來。若為腸胃不適，有時嘔吐反而有助於改善症狀，所以，狗可能是為了將腸胃中的不良食物吐出來才吃草。

雖然目前還無法明確了解狗吃草的原因，但可以認為是狗狗身體不適的一種訊號。仔細觀察是否還有其他的症狀。

可能罹患的疾病

- 寄生蟲病
- 消化器官的疾病

檢查重點　狗狗吃草的檢查重點

□吃完草嘔吐

↓

可能是腸胃疾病，不妨觀察尿尿和糞便的狀態，並測量體溫。

□毛皮的光澤變差，逐漸消瘦

↓

很可能有寄生蟲，不妨進行糞便的檢查。如果有寄生蟲，一定要徹底驅蟲。

吃草消滅寄生蟲

養在室內的寵物犬增加和驅除劑的進步，寄生蟲引起的疾病逐漸減少。在數十年前，狗的疾病中，有一半都是寄生蟲病，許多種類的寄生蟲都寄生在狗的消化道內。

為了避免寄生蟲危害身體，狗的祖先們開始吃草。吃草後嘔吐，將寄生蟲排出體外。

現代的狗身體內有寄生蟲時，也會吃草。雖然路邊的野草應該不具有驅除寄生蟲的效果，但狗還是會本能的吃草。

咳嗽

檢查狗狗的咳嗽方式

咳嗽是一種生理現象，可以將大量空氣送入肺部，並利用這種風壓消除氣管內的異物。

可能是呼吸系統的某個部分發生炎症。首先會在喉嚨附近發生炎症，進而擴散到氣管，變成支氣管炎，擴散到肺部時，就變成肺炎。

當心臟功能衰退，血液循環變差時，血液會阻塞在心臟至肺部的血管內，血液中的水分滲入氣管，為了排出這些水分，也會引起咳嗽。當心臟寄生心絲蟲時，也會咳嗽。

可能罹患的疾病

- 呼吸器、心臟的疾病（咽喉炎、支氣管炎、氣管虛脫、肺炎、肺瘀血、肺水腫、心臟功能不全、先天性心臟疾病）
- 寄生蟲（心絲蟲症等）
- 感染症（犬舍咳）
- 肋骨骨折
- 腎臟病
- 誤吞異物

從咳嗽的方式判斷狗狗罹患的疾病

檢查 1

可能罹患
犬舍咳

劇烈乾咳

從沒有痰的乾咳開始，會持續乾咳。除了咳嗽以外，沒有其他症狀時，很可能是犬舍咳。

檢查 2

可能罹患
支氣管炎

帶有痰的咳嗽

罹患慢性支氣管炎時，咳嗽也可以聽到痰的聲音。症狀嚴重會呼吸沉重，甚至引起呼吸困難。

檢查 3

可能罹患
心臟病

乾咳

持續乾咳時，很可能罹患了心臟病。當心絲蟲寄生在心臟會出現相同的症狀。

檢查 4

可能罹患
肺炎

虛咳

當肺部發生炎症，肺功能衰退會無法呼氣，發出虛弱的咳嗽。

要特別注意短鼻犬種的咳嗽！

巴哥狗、西施犬、北京狗、鬥牛犬等鼻子較短的犬種（短頭種）易罹患呼吸系統的疾病，所以要特別注意。

這些狗位於喉嚨前方的軟口蓋天生比較長，會垂在喉嚨的入口，阻擋空氣的通道，因此，容易罹患「軟口蓋過長症」。飼養短頭犬種時，要特別注意咳嗽、打噴嚏等呼吸器官的症狀，並努力減少居家環境中的灰塵，為狗狗創造良好的生活環境。

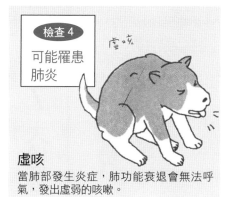

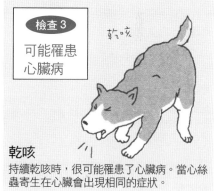

早期發現呼吸系統異常的7大檢查事項

檢查 1

呼吸次數是否增加

小型犬每分鐘約呼吸 20～30 次，大型犬則為 15 次左右。可坐在狗狗旁，測量牠的呼吸次數。

檢查 2

是否有發燒

小型犬的正常體溫為 38.6～39.2 度，大型犬為 37.5～38.6 度。將體溫計放入肛門，測量牠的體溫。

檢查 3

是否流鼻水？

鼻腔發生炎症時，容易流鼻水。

檢查 4

是否張著嘴巴呼吸？

除了運動後或在氣溫較高以外，是否也張著嘴巴呼吸？

檢查 5

呼吸是否將脖子向前伸出？

當氣管發生炎症，呼吸困難而將脖子向前伸出，氣管就會變直，有助於呼吸順暢，因此，狗狗會採取這個姿勢。

檢查 6

是否張開前腿？

呼吸困難會張開前腿，挺起胸部，有助於順利呼吸。

檢查 7

休息是否仍然保持坐著的姿勢？

躺下肺部會受到壓迫，導致呼吸困難，因此，休息時也無法躺下，會保持趴著或坐著的姿勢。

當呼吸器官發生異常時，除了咳嗽外，還會出現其他症狀。首先，會有發燒現象，因此呼吸的速度會加快。由於呼吸困難，會張開嘴巴呼吸。通常鼻腔也會發生炎症，所以容易流鼻水。

當病情進一步惡化，狗狗在呼吸會將脖子向前伸出，或將前腿張開，使胸部挺出，以便順利呼吸。當肺部受到壓迫時，會引起呼吸困難，所以，狗狗無法躺下休息，就代表呼吸器官發生異常。

必須改善室內的環境，預防呼吸器官的疾病。

要先維持室內環境清潔，

預防呼吸器官疾病的 4 大重點

重點1 冷空氣容易聚集在地面附近，在地面生活的狗很容易感到冷，請調節空調的出風口和溫度。

重點2 隨時清潔，避免灰塵飛揚。有助於預防跳蚤和壁蝨。

重點3 在打掃或使用吸塵器，要打開窗戶，保持空氣流通，避免讓狗狗吸入吸塵器排出的氣。

重點4 嚴禁乾燥。房間內放置濕度計，隨時檢查濕度，避免空氣乾燥。

每天清潔居家環境。狗常接觸累積灰塵的地上，所以一定要仔細清潔。在門窗緊閉的情況下，用吸塵器吸灰塵時，吸塵器的灰塵和垃圾反而會污染室內環境。必須打開窗戶，避免讓狗狗吸入吸塵器的排氣。室內環境的清潔也有助於狗狗毛皮的保養，當毛皮吸附許多灰塵時，狗狗一晃動身體，灰塵就會四散，所以要經常用毛梳梳理。

狗生活在地面上，容易累積寒冷的空氣，在使用冷氣前，必須檢查是否會感覺太冷。當空氣太乾燥容易引起狗狗呼吸器官的疾病。

食慾正常，卻日漸消瘦

當狗狗消瘦時，檢查的重點

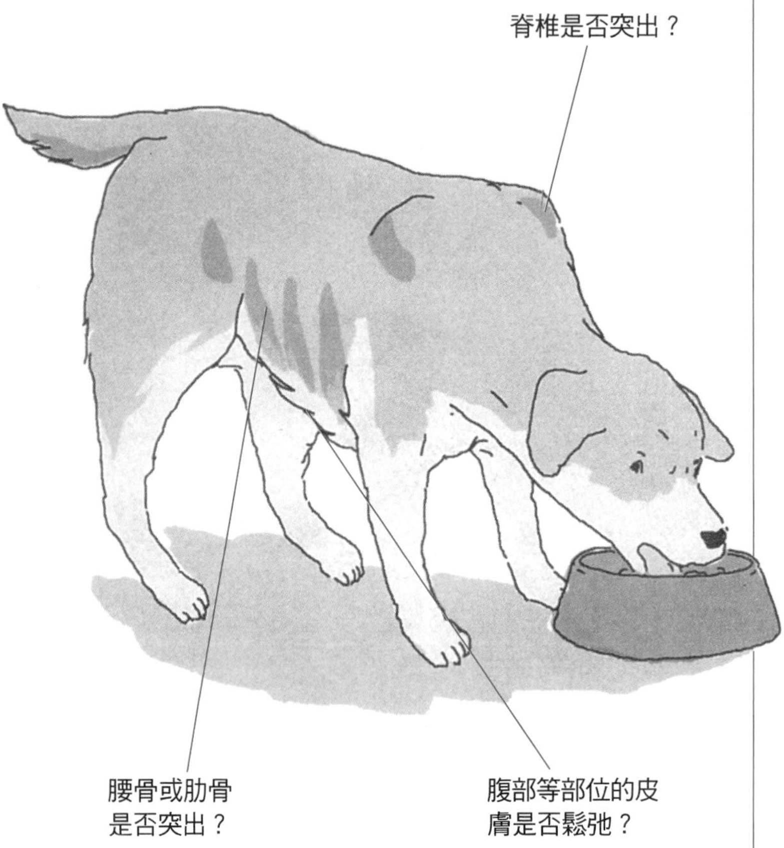
脊椎是否突出？
腰骨或肋骨是否突出？
腹部等部位的皮膚是否鬆弛？

食慾不振是狗狗常見的身體異常之一。有時候，雖然狗狗食慾正常，開心的吃飼料，但仍日漸消瘦。

食慾正常，卻日漸消瘦，表示體內可能有寄生蟲。當腸道有寄生蟲，無論再怎麼吃，營養都被寄生蟲吸收，所以，狗狗會一天比一天消瘦。

持續慢性腹瀉，會無法吸收充足的脂肪和蛋白質，就會逐漸消瘦。壓力等精神因素會引起腹瀉，必須特別注意。罹患甲狀腺機能亢進症時，會大量分泌甲狀腺荷爾蒙，引起慢性腹瀉，造成消瘦。

可能罹患的疾病

- 寄生蟲病（鉤蟲、鞭蟲、蛔蟲、蟯蟲）
- 感染症
- 精神壓力
- 甲狀腺機能亢進症
- 糖尿病
- 慢性胰臟炎

體重測量方式

基本的測量方式

飼主＋狗的體重－飼主的體重＝狗的體重

抱著狗一起測量體重。再從總計體重中，減去飼主的體重，等於狗的體重。

為無法抱在手中的大型狗測量體重

準備二個體重計。將狗的兩隻前腿放在一個體重計上，後腿放在另一個體重計上，將兩個體重計上的重量相加，就是狗的體重。

如果狗狗的食慾旺盛，也大量喝水，可能罹患了糖尿病。很多人以為罹患糖尿病會發胖，糖尿病嚴重時，食慾正常，但體重卻不斷下降。

慢性胰臟炎也會影響腸子分解脂肪的能力，使小腸無法順利吸收營養，無論再怎麼吃，也會越來越瘦。

檢查飼料量和飼料內容

如果狗狗的食慾正常，飲食也正常，卻日漸消瘦時，請回想最近吃飼料的量和運動量。從飼料攝取的熱量低於運動消耗的熱量，就會瘦下來。

飼料並非只有量的問題，質也很重要。即使量沒有減少，如果是不易消化的飼料，攝取的熱量就會減少。

狗狗的成長期，身體需要的熱量會增加，如果不增加飼料量，就會瘦下來。狗狗懷孕期間，更需要增加飼料量。

缺乏食慾

想吃吃不下

●口腔中是否有異常？

嘴裡是否被什麼東西刺到，或是有傷口？是否因為口腔炎或牙齦炎而紅腫？狗狗會因為疼痛或不舒服而無法進食。

●吃進嘴裡後，是否立刻吐出來？

吃進嘴裡後，又立刻吐出來，或是無法吞下去，很可能是口腔肌肉或食道神經發生障礙。

當口腔發生口腔炎或牙齒、舌頭有異常，即使想吃東西也無法吃。不妨檢查狗狗的口腔，是否有傷口。

如果口腔沒有異常，可能是口腔肌肉麻痺，導致無法將食物吃進嘴裡。有時候，雖然吃進嘴裡，卻無法吞下去，又立刻吐出來，可能是食道神經麻痺，或被骨頭等異物卡住，使食物無法通過。

如果將飼料放在狗狗旁邊，卻置之不理，或是只聞味道，就立刻走開，可能表示根本沒有食慾。

許多疾病都會引起食慾不振。不妨確認狗狗是否有精神？是否發燒？排尿和排便情況是否有變化？是否有不同尋常的症狀？

狗狗發燒食慾會降低。因為腹瀉和嘔吐而導致食慾衰退，很可能是消化器官的疾病，心臟病也會導致食慾衰退。

可以撫摸狗狗身體表面，確認全身的狀態。若有身體某部分異常腫脹，可能是因為化膿或腫瘤引起的食慾不振。

可能罹患的疾病

- 發燒（高燒）
- 精神興奮
- 消化器官障礙
- 肝臟疾病
- 胰臟疾病
- 口腔障礙
- 心臟病
- 腎臟病

缺乏食慾的檢查重點

●是否發燒？
將動物專用的溫度計插入肛門，測量體溫。小型狗的正常體溫為38.6～39.2度，大型狗的正常體溫為37.5～38.6度，39.5度以上就代表發燒了。

●身體是否腫脹？
撫摸狗狗的全身，檢查是否有腫脹的部分，或許可以找到化膿或腫瘤。

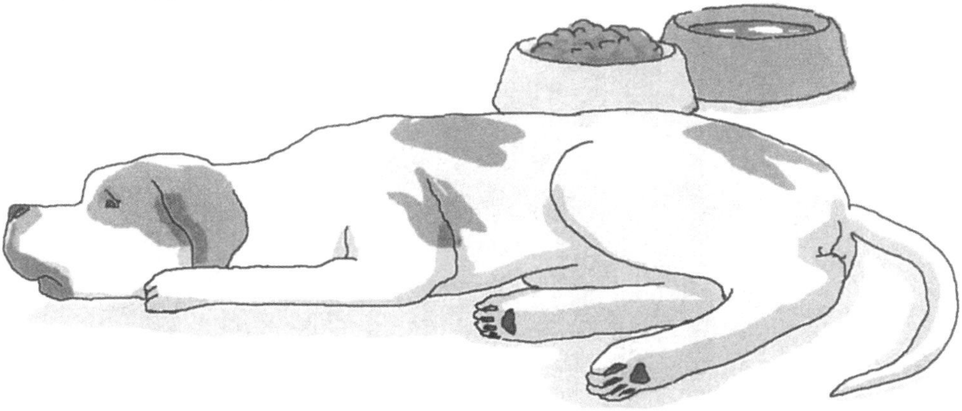

●尿液是否有泡泡？
仔細觀察狗狗的尿液，當尿液的泡泡一直沒有消退，很可能尿液含有大量蛋白質，當罹患腎臟病或肝臟、心臟功能衰退時，都可能發生這種情況。

●是否腹瀉？
檢查糞便的型狀，當有腹瀉、血便或黏液便等異常，很可能有寄生蟲或消化器官的疾病。

誤吞異物會影響食慾

很多狗都喜歡將東西放進嘴裡。如果可以順利吐出，當然沒有問題，但如果無法吐出來，就會停留在胃中，影響正常的消化活動，身體逐漸消瘦。除了缺乏食慾外，並沒有其他的症狀，所以飼主很難發現。

對各種東西都很感興趣的犬種，例如米格魯、拉布拉多等原本是獵犬的犬種，要特別注意「胃內異物」的問題。

動物醫院常見的胃內異物

- 水果（桃子等）的果核
- 球
- 塑膠袋
- 木材
- 胸針
- 橡膠玩偶
- 襪子
- 針
- 竹籤

肥胖

肥胖的檢查部位

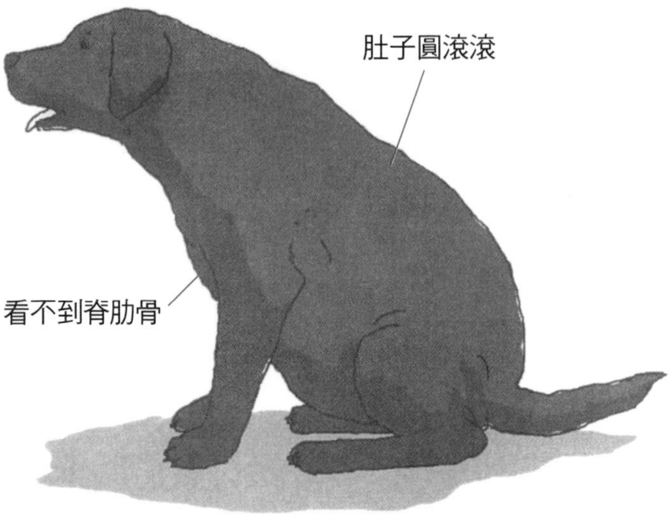

每天和狗狗生活，不容易發現微小的變化。如果感覺狗狗最近有點發胖，可根據下一頁的插圖，觀察狗狗的肥胖度，因為肥胖很可能是疾病的警訊。

大分引起肥胖的疾病都與荷爾蒙平衡有關。當副腎皮質荷爾蒙分泌過量，或是甲狀腺荷爾蒙分泌衰退時，就容易肥胖。

結紮手術後，很容易肥胖。這種肥胖不是疾病，是因為荷爾蒙失調引起。

當大腦的飽食中樞受到傷害時，無論吃再多，也無法感到滿足，就容易發胖。老年犬會因為癡呆症等大腦的障礙，導致食慾異常旺盛。

肥胖會對心臟造成負擔，會對腎臟功能造成不良影響，對支撐身體的骨骼和關節會造成副作用，引發各種疾病。尤其是糖尿病，是因為肥胖導致的疾病。

除了突然發胖的狗，可能有其他疾病，一般肥胖的狗會引起內臟和骨骼方面的疾病。

可能罹患的疾病

引起肥胖的疾病

- 副腎皮質機能亢進症
- 甲狀腺機能衰退症
- 性腺機能不全（絕育手術）
- 腦部障礙（外傷、腦腫瘤或癡呆症）

肥胖引起的疾病

- 糖尿病
- 關節疾病（股關節症、慢性關節炎）
- 肝功能障礙（脂肪肝、肝硬化）
- 呼吸器官疾病（氣管狹窄）
- 心臟疾病（心肌梗塞、狹心症）
- 腎臟功能障礙
- 動脈硬化

從身體線條觀察肥胖程度

【理想的線條】

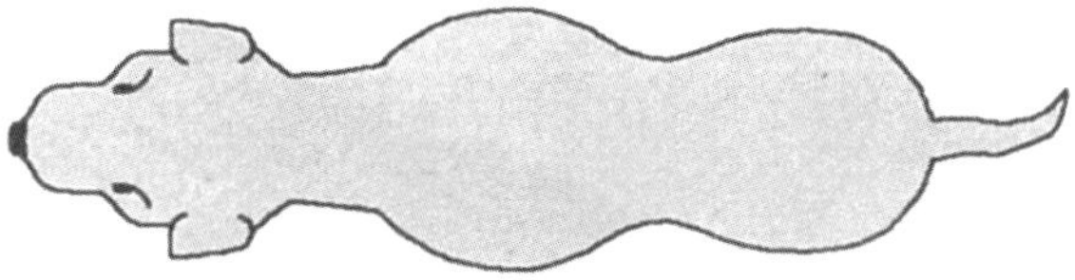

腰圍部分緊縮，觸膜胸部，可以摸到肋骨。

【略胖的線條】

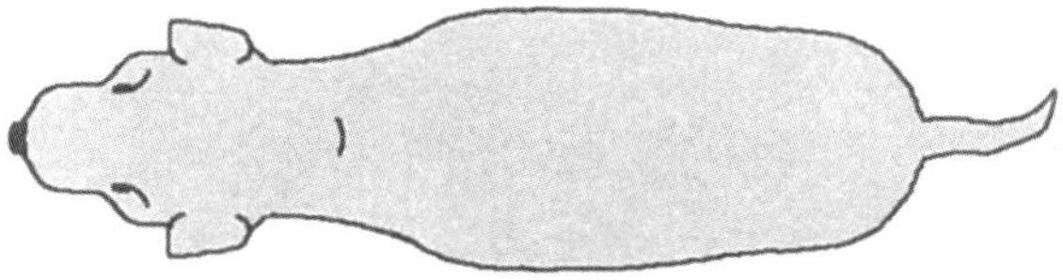

腰圍的曲線不明顯，輕輕觸摸胸部，摸不到肋骨。

【肥胖的線條】

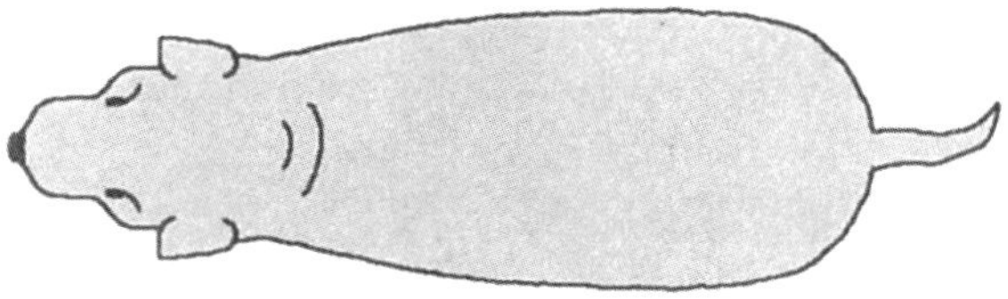

腰部完全沒有曲線，用力壓才摸得到肋骨。

注意餵食和運動的平衡，幫助狗狗維持標準體重

略微肥胖的狗，需要減肥，努力接近標準體重。考慮飼料和運動的平衡，要特別注意攝取的熱量不能超過消耗的熱量。

飼料的熱量計算並不困難，可參考狗食包裝上的標示。計算飼料量，必須根據犬種的標準體重進行計算，否則無法達到減肥的作用。假設標準體重為 10 公斤，而現在的體重已經達到 15 公斤，飼料量則必須按照 10 公斤的體重餵食。若突然減少食量，狗狗可能無法適應，不妨逐漸減量。餵食的次數以 1 次 2 次最理想，比較不容易累積脂肪。

為了消耗熱量，要選擇適合狗狗的運動，即使體重不足，每天也要散步 1 小時。

大量喝水

當狗狗大量喝水時，必須仔細觀察是否還有其他症狀。

可能罹患的疾病

- 內分泌代謝疾病（糖尿病、副腎皮質機能亢進症、甲狀腺機能亢進症）
- 泌尿器官的疾病（膀光炎、腎臟病）
- 生殖器官的疾病（子宮蓄膿症）
- 尿崩症
- 脫水
- 中暑

有時候，狗狗會猛喝水，尿量和排尿次數也會增加。在狗罹患的疾病中，有不少會導致多飲多尿症狀的疾病。

罹患糖尿病會導致體內的鈉和鉀等礦物質失調，引起脫水，為了補充體內流失的水分，需要大量喝水。

罹患副腎皮質機能亢進症（庫興氏症候群）時，糖分代謝快，容易引起脫水，為了防止體內的鹽分濃度升高，會攝取大量的水分。

甲狀腺機能亢進症，則是甲狀腺荷爾蒙過量分泌，因此會大量喝水。

大量喝水
＋
尿量增加、食慾不佳、體重減少、身體浮腫、尿液顏色很深
↓
可能罹患腎臟病

大量喝水
＋
尿量增加、食慾旺盛、體重下降、腹瀉、嘔吐、脖頸腫脹、腹部隆起、兩腿掉毛、外陰部有分泌物
↓
可能罹患內分泌代謝疾病、子宮蓄膿症

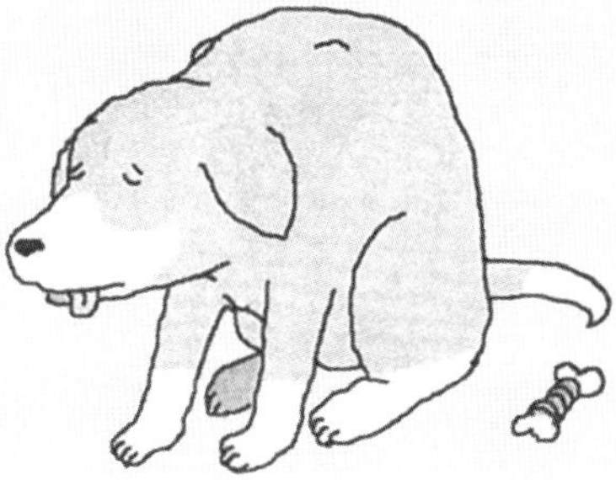

大量喝水
＋
尿量增加、食慾旺盛、沒有精神、體重降低、白內障
↓
可能罹患糖尿病

罹患腎臟病，水分無法重新吸收，會大量排出體外，為了補充身體不足的水分，就會喝大量的水。

大腦功能障礙引起尿崩症，由於無法製造使腎臟重新吸收水分的荷爾蒙，會大量排尿，因此，需要喝大量的水補充身體流失的水分。

母狗的子宮如果發生炎症，膿積在子宮內，引起子宮蓄膿症時，也會大量喝水。

引起高燒或呼吸急促的疾病，或腹瀉和嘔吐引起脫水時會大量喝水。

中暑需喝水調節體溫，所以此時大量喝水是正常的。

水分的攝取和排泄

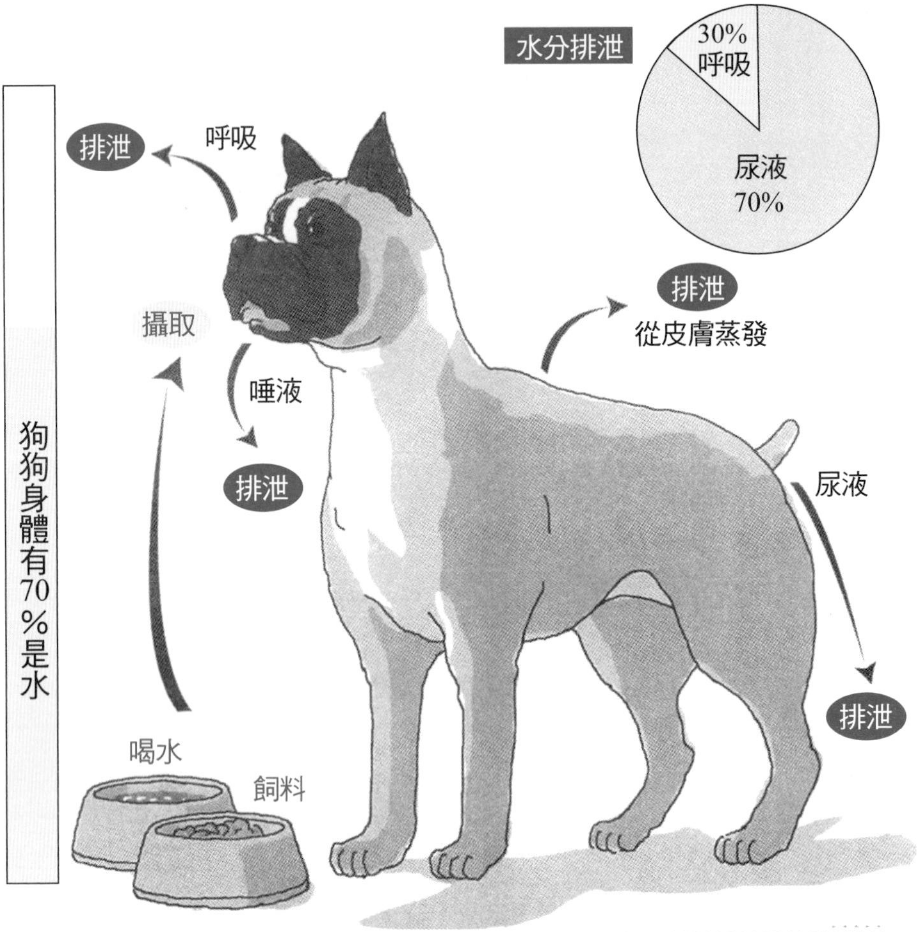

以下針對狗身體內的水分加以說明。狗的身體有七成是水分。狗身體內的水分會不斷更新，因此必須不斷喝水，補充身體需要的水分。

除了直接喝水，還可以從飼料中攝取水分。除了飼料本身含的水分，飼料所含的碳水化合物、脂肪和蛋白質在體內消化過程，也會產生水分。

水分的流失，以排尿占的比例最高，當水中溶解身體的代謝廢物，就會成為尿液。由於尿液量受到體內水分量的影響，大量喝水，體內的水分量增加，排尿量會跟著增加。

除了尿液外，水分也會隨著呼吸和皮膚蒸發、唾液和眼淚而流失，但占的比例很少。因此，尿液占水分流失量的七成，剩餘的三成是因呼吸造成

狗狗每天喝多少水？

當季節和氣溫不同，狗的喝水量會有所改變，對健康的狗來說，一天的喝水量基本上是每公斤 50CC 左右。排尿量是喝水量的 7 成左右。體重 10 公斤的狗一天要喝 500CC 左右。如果是可以自由排尿的室內犬，一天的排尿次數應為 5 次左右。

約 3 公斤的馬爾濟斯

約需要 150cc

約 10 公斤的威爾斯柯基犬（Corgis）

約需要 500cc

約 20 公斤的邊境牧羊犬（Border Collie）

約需要 1000cc

約 30 公斤的拉布拉多犬

約需要 1500cc

的水分流失。

體內的水分攝取和排泄，以十分複雜的機制進行調節。因此當狗狗身體微恙，就會造成水分的攝取和排泄發生變化。

更換狗飼料，喝水量會增加

狗飼料因水分含量不同，分乾、半濕和濕型等不同的種類。罐頭食品或真空包裝的濕飼料，含有 80～85%的水分；加工成固體形狀的乾飼料只含有 15%左右的水分。

換成乾飼料，飼料本身的水分減少，為了補充水分，會大量喝水，但尿量和排泄次數通常不會改變。改成乾飼料後，喝水量增加是很正常的事，不妨給狗狗多喝新鮮的水吧！

臀部摩擦地面

發現狗狗以臀部摩擦地面，必須特別注意的重點

- ●排出扁平的糞便
- ●臀部發出糞便以外的異味
- ●不喜歡別人摸牠臀部周圍
- ●追著自己的尾巴跑
- ●不喜歡別人抱牠

可能罹患的疾病

- ・肛門周圍炎
- ・肛門周圍腺炎
- ・肛門囊炎
- ・寄生蟲
- ・腹瀉
- ・後軀痲痺

有時候，狗會將後腿伸直，將臀部摩擦地面，拖著向前移動。這是因為狗狗覺得臀部搔癢或疼痛等不舒服才會做出的動作。狗用臀部摩擦面（或摩擦樹木和牆壁），消除這種不舒服的感覺。

當狗狗做出這種動作，要立刻檢查牠的臀周圍，了解肛門及其周圍是否有異物、發紅、傷口或潰瘍、紅腫等症狀。

位於肛門左右斜下方的肛門囊，若累積分泌物，最容易讓狗覺得臀部不舒服，但這種情況並不是疾病（請參考上方

肛門周圍

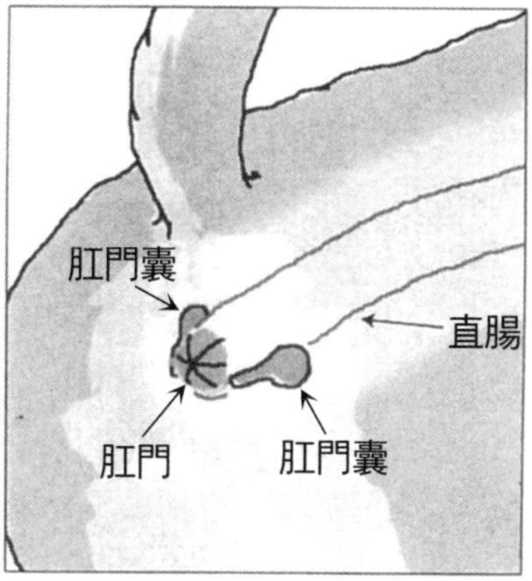

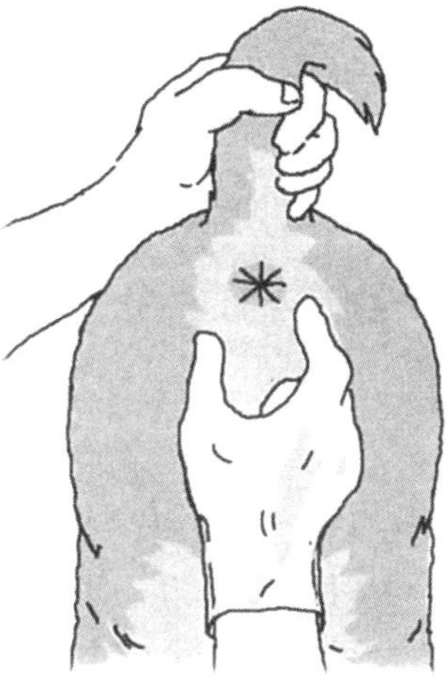

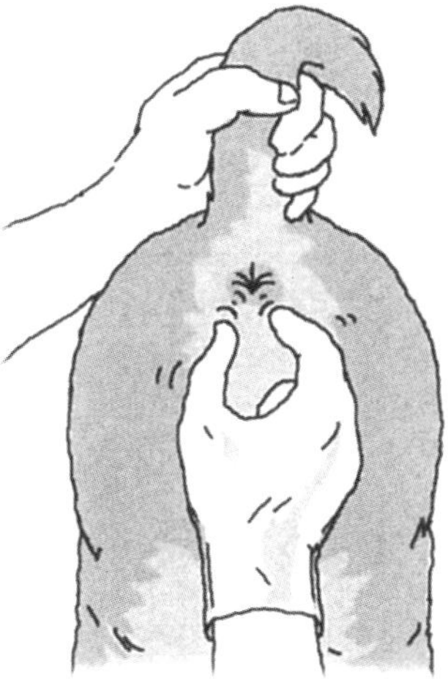

❶ 戴上手套擠壓，以免手上留下強烈異味。肛門囊位於以肛門為中心的 3 點半（4 點）和 8 點半（8 點）兩側。

抓住狗狗的尾巴，向上拉起，用大拇指和食指尋找肛門囊的位置。在正常情況下，肛門囊呈柔軟、鼓起的狀態，但發生炎症時，會出現硬塊。

❷ 兩個手指壓住肛門囊，將累積的分泌液向開口部位擠出。分泌液可能會用力噴出，可先用衛生紙蓋住，避免四處亂噴。

若分泌液呈液體狀，表示正常不需擔心，若肛門囊產生硬塊，液體變成像牙膏狀，就代表累積過量，必須擠出。

的肛門囊擠壓法）。

　肛門周圍的炎症（肛門周圍炎）和肛門周圍的皮脂等分泌腺深處的炎症（肛門周圍腺炎）、肛門囊發生炎症（肛門囊炎）等，或單純的外傷，也會使臀部周圍產生炎症。

　有腹瀉症狀，肛門周圍容易沾染汙垢，如果被寄生蟲感染，臀部會有癢癢的感覺，狗會用臀部摩擦地面。

　除了肛門周圍的異常外，若有腰骨和神經異常，狗狗也會將後腿伸向前方，拖在地面用臀部摩擦地面。

尾巴下垂

經常將尾巴夾在兩腿之間，代表身心有異常

若狗狗的臀部及周圍發生炎症感到不舒服，為了掩飾臀部，就會將尾巴垂下來。

肛門周圍發生炎症的肛門周圍炎、肛門周圍的皮脂分泌腺發炎引起的肛門腺炎，還有位於肛門左右斜下方的肛門囊中，由於分泌物累積引起的肛門囊炎等，都會引起不舒服。

由於狗狗會用尾巴掩飾肛門周圍的異常，所以會將尾巴垂下來。

飼主會發現狗狗的精神不太好。

當罹患精神方面的疾病，也會把尾巴垂下來。像剛出生不久，就被迫離開母狗，幼兒期在精神方面很不安定；或是在幼犬，很少和社會接觸，沒有學習社會性的狗，經常會把尾巴垂下來。

狗會將尾巴下垂，夾在兩腿之間，耳朵也會同時下垂。當遇到比自己更強壯的狗，或是到陌生的環境，對這些新的刺激會產生過度的反應，因此，也會基於恐懼採取攻擊的態度。

可能罹患的疾病

- 肛門周圍炎
- 肛門腺炎
- 肛門囊炎
- 心理疾病（因恐懼而產生的攻擊性）

追著尾巴跑

追著自己的尾巴團團轉時，代表身體或心理發生異常

狗狗會對自己的尾巴產生興趣，追著自己的尾巴跑。當狗狗的臀部及附近有疼痛或搔癢等不適感，就會出現這樣的行為。

其實，狗狗是想要舔自己的尾巴，所以，看起來好像是追著自己的尾巴跑。

當狗狗出現這種行為，通常是肛門周圍發生肛門周圍炎、肛門腺炎等炎症。也可能是位於肛門下方的肛門囊內累積分泌物，引起炎症。不妨檢查一下狗狗的肛門周圍，了解是否有紅腫等異常。當發現肛門囊累積分泌物，要趕快擠出。

如果身體沒有任何症狀，很可能是心理的問題。

由於心理因素，造成狗會不停的追著自己的尾巴跑，重複毫無意義的行為。

雖然至今仍無法了解明確原因，當生活環境造成狗狗壓力累積，容易發生這種情況，稱為「強迫性神經症」。

可能罹患的疾病

- 肛門周圍炎
- 肛門腺炎
- 肛門囊炎
- 心理疾病（強迫神經症）

走路樣子異常

可能罹患的疾病

常見於幼犬的疾病
- 股關節發育不全
- 佝僂病
- 不明原因股骨缺血性壞死病
- 泛骨炎

常見於成犬、老年犬的疾病
- 椎間盤突起
- 變形性骨脊椎症
- 變形性骨關節症
- 軟骨症
- 小腦的障礙

其他疾病
- 寄生蟲病
- 鈣質或維他命等代謝不良的疾病
- 腦脊髓障礙
- 感染症
- 中毒

□走路一跛一跛

可能是腰椎或股關節障礙，不妨仔細觀察，狗狗為了保護哪個部分，採取這種走路方式。

□拖著後腿走路

可能罹患變形性骨脊椎症或椎間盤突起等脊髓的疾病，避免讓狗狗活動，並帶去動物醫院檢查。

□拖著一隻腿走路

可能是骨折或脫臼。不妨回憶，是否曾從高處跌落或勉強擠進狹窄的地方。檢查患部是否有內出血、紅腫或發燒等症狀。

當發現狗狗走路樣子怪怪，可能是骨骼或關節異常引起。也有可能是寄生蟲、感染症等全身的疾病。走路樣子的特徵不同時，導致的疾病也可能不同。

如果有一隻腳突然拖著走路時，可能發生骨折或股關節脫臼，會發生內出血、紅腫或發熱。

如果兩個後腿拖著走路，只靠前腿走路，就是脊髓疾病的特徵，如果是老犬，可能罹患變形性骨脊椎症，也可能是椎間盤突起。當發生這些脊髓疾病，不會有發燒或紅腫的症

□走路蹣跚

可能是腦部或神經的障礙，也可能是感染症或寄生蟲病等引起的全身虛弱。

□走樓梯很痛苦

可能是股關節發育不全，所以不喜歡走樓梯，因為腿部的某個部分會感到疼痛。

□後腿的步伐較小

這是股關節發育不全的特徵之一，後腿的步伐比前腿小，只能小步小步的走。

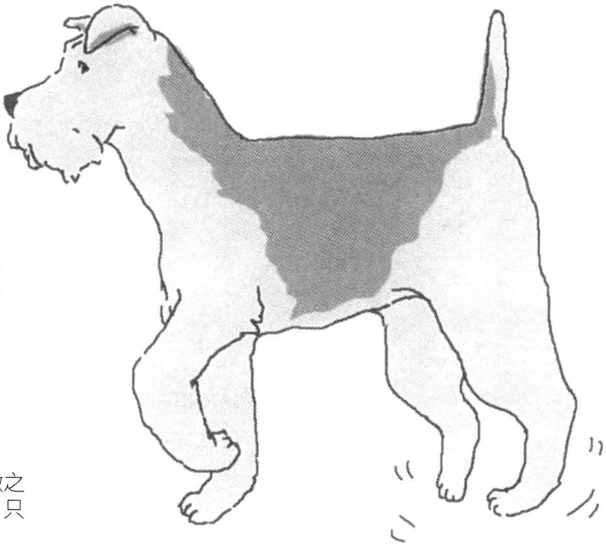

□無法順利的站起來

可能是關節發生障礙。站立會比平時更費時，前腿拼命用力。

狀。

如果走起路來一跛一跛，要避免腰部活動，不然很可能下腰骨或股關節發生異常。

走路蹣跚可能是大腦和神經發生障礙，例如先天性的小腦障礙，或是意外造成的小腦障礙；但也可能是散步，飼主錯誤使用狗鏈，將狗狗的脖子勒得太緊，引起的腦部障礙。罹患寄生蟲病或感染症，或中毒引起全身衰弱或腹痛，也可能造成狗狗走路蹣跚。

當走路樣子有問題時，可能與全身各種疾病有關。

後腿彎曲

後腿彎曲，最常見於成長期的狗，兩後腿異常造成的佝僂病，症狀會在出生後四個月前出現。後腿的膝蓋會向內彎曲，形成X形腿。另外，前腿會向外側彎曲，形成O形腿。佝僂病是營養障礙引起的疾病，只要攝取的飼料營養均衡，就不必擔心佝僂病的發生。

股關節發育不全，也會造成腿部彎曲。在正常情況下，股關節剛好卡在骨盆凹陷處的大腿骨前端，罹患此疾病，骨盆的凹陷較淺或大腿骨前端不夠圓，使關節無法順利「卡位」。隨著身體成長，體重對關節造成影響，引起關節的各種障礙，因此，無法順利的上下樓梯或坐下。如果不治療，會造成脫臼，使關節脫節。

至於跌打損傷等引起的股關節脫臼、骨折、腰神經障礙、血液循環障礙、肌肉炎症和韌帶斷裂也會使後腿彎曲。

可能罹患的疾病

- 股關節發育不全
- 佝僂病
- 股關節脫臼
- 腰的神經障礙
- 血液循環障礙
- 軟骨症

觸摸狗狗的腿部，了解疼痛部位

飼主觸摸狗狗，狗狗感到疼痛，會下意識的咬人。因此要先抱緊狗狗的頭部，壓住狗狗的頭部，再開始檢查疼痛的部位。如果無法獨立完成，也可以二個人一起做。

●順著骨骼摸

從前腿的腳踝開始摸，再按照肩關節、後腿腳踝、股關節的順序，順著骨骼摸，檢查是否有腫脹或疼痛部位。

●活動指甲

仔細檢查每一根手指（腳趾），了解指甲是否鬆動、折斷，也要檢查指甲內是否有寄生蟲。

●仔細摸每一個手指（腳趾）

仔細檢查每一個手指，了解手指（腳趾）上的骨頭是否有骨折，或產生炎症。

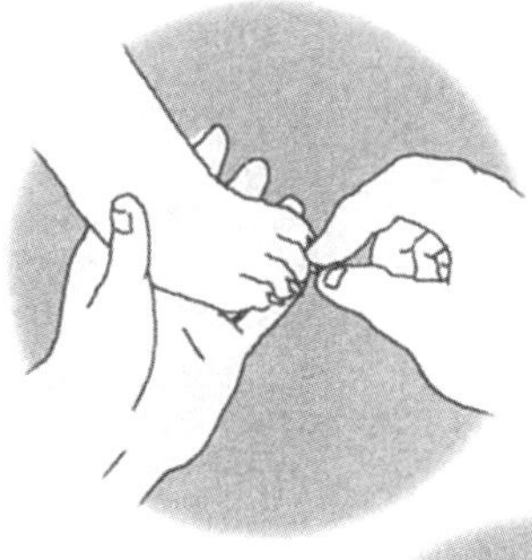

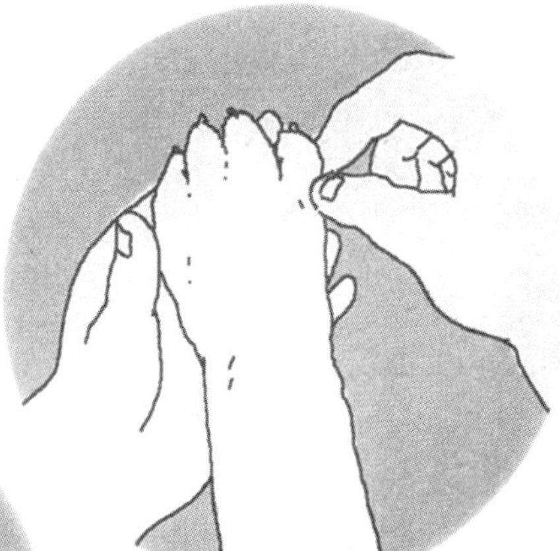

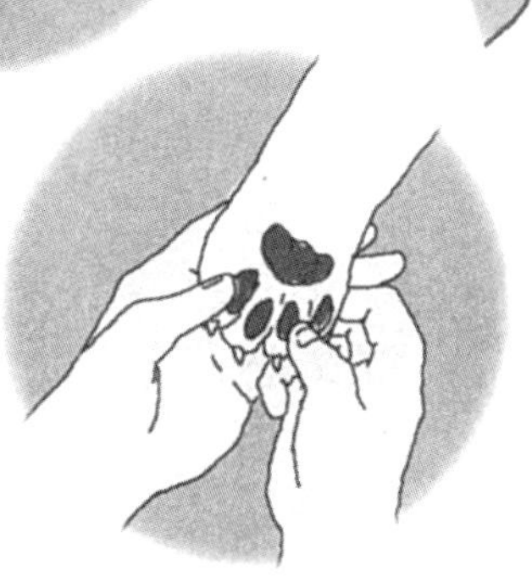

●檢查腳底

檢查腳底是否有受傷，是否有針刺或玻璃碎片扎在腳底。夏天時，走在柏油路上，也可能會燙傷。

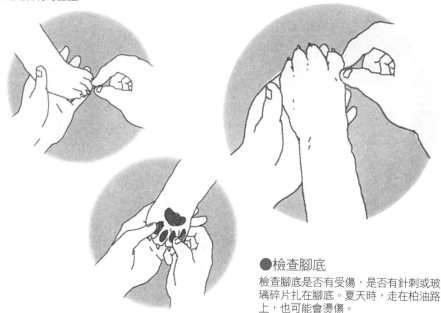

不喜歡別人摸牠的身體

檢查狗狗不喜歡別人摸牠哪個部位？

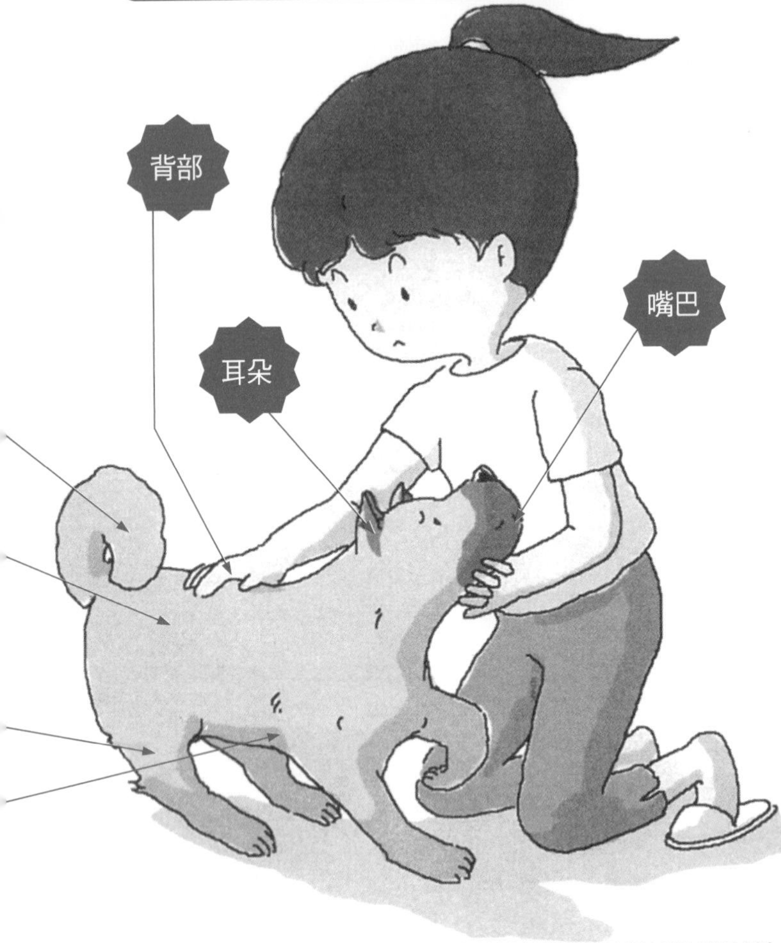

可能罹患的疾病

- 肛門周圍炎
- 脫臼
- 不明原因股骨缺血性壞死病
- 椎間盤突起
- 胃炎
- 乳腺炎
- 胃內異物導致腸變位
- 肝炎
- 腹膜炎
- 子宮內膜炎
- 外耳炎
- 耳血腫
- 牙根腫瘍
- 口腔炎
- 舌炎
- 胸膜炎

平時很喜歡被主人撫摸、抱在懷裡的狗，突然變得主人一抱牠，就立刻逃開或發出哀號，可能是身體某些疼痛等異常。

當主人抱或梳毛等觸摸身體時，狗狗會感到疼痛，所以才會逃開。

當被主人抱在懷裡時，胸部和腹部會有壓迫感，令牠感到不舒服。

先確認狗狗不喜歡別人摸牠身體的哪個部分。當飼主觸摸狗狗感到疼痛的部位時，狗狗可能會咬人，因此要特別小心，輕輕觸摸確認。

如果狗狗不喜歡以下的行為時，要特別留意

◎抱
◎撫摸
◎梳毛
◎戴項圈、狗鏈
◎穿衣服

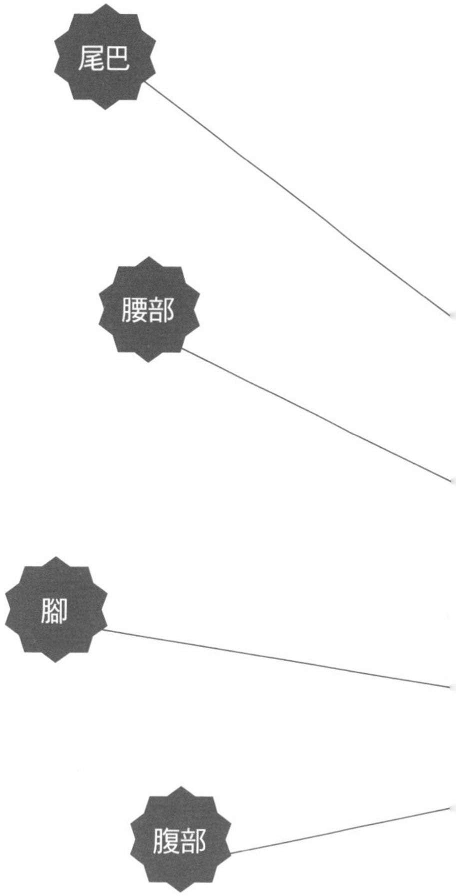

腿

脫臼

從高處跌落，撞擊到硬物導致關節骨脫臼、疼痛時，不喜歡別人觸摸。走路的樣子很奇怪，必須仔細觀察。

尾巴

肛門周圍炎

肛門周圍的分泌腺受到細菌感染引起炎症，使尾巴附近的神經受到刺激，產生疼痛，因此不喜歡別人摸牠的尾巴。

要先以嘴巴、耳朵、尾巴、腰、腿和腹部為中心觸摸。剛開始時，要輕輕的撫摸，觀察狗狗反應。

如果摸特定的部位，反應特別強烈，不妨撥開毛皮，檢查皮膚是否發紅、傷口或潰爛的情況。

如果皮膚沒有異常，用手輕輕按壓該部位。

按壓後如果狗狗反應激烈，很可能是內部發生異常。

同時，也要回想一下，是否還有其他症狀，及最近的異常行為，有助於獸醫正確的診斷。

背部

椎間盤突起

因為脊椎的椎骨和椎骨之間，名為椎間盤的軟骨因某種原因破裂，使內容物滲出引起的疾病。滲出的物質壓迫到神經會產生疼痛，除了疼痛之外，走路方式也會異常，請仔細觀察。

腰部

不明原因股骨缺血性壞死病

血液無法送達股關節的大腿骨骨骼中，會導致骨骼變形、萎縮。常見於 4～12 月，尤其是 7 個月左右，體重在 10 公斤以下的小型犬。

因為股關節附近的腰部神經受到壓迫，感覺疼痛，所以不喜歡別人觸碰。

腹部

胃炎
乳腺炎
胃內異物引起胃炎、腸道阻塞
肝炎
腹膜炎
子宮內膜炎

胃黏膜產生炎症，引起疼痛。當觸摸胃附近，狗狗會感到疼痛，所以不喜歡別人觸摸。

餵乳期間的狗容易發生乳腺炎，乳腺會出現硬塊，產生疼痛，狗會顯得焦躁不安，也會突然發燒，或滲出黃色乳汁。

誤吞異物會無法消化而停留在胃中，也會引起胃炎，使胃的周圍產生疼痛。當食物阻塞腸子，會引起腸阻塞，不僅會引起腹痛，嚴重時，更會危及生命。無論是哪一種情況，都會出現沒有精神和其他症狀。

肝炎分為化學物質導致中毒或因為藥物傷害、破壞肝臟細胞，引起的急性肝炎，或進而發展為慢性肝炎，及犬科動物特有的狗傳染性肝炎。由於腹部感到疼痛，不僅不喜歡被別人摸，還會出現排便異常、嘔吐和黃疸等症狀。

當覆蓋腹部內臟的膜發生炎症或破洞時，會發生腹膜炎，通常都是因為胃炎或腸炎惡化引起。

當子宮內部發生炎症會產生疼痛，所以不喜歡別人摸牠的腹部。

嘴

牙根膿瘍／口腔炎／舌炎

牙齒根部的牙根產生炎症，膿累積在牙根引起牙根腫瘍，由於牙根和牙髓受到細菌感染，會疼痛，所以不僅不喜歡別人觸摸，且更會因為劇烈疼痛導致脾氣暴躁，好像性格也變不一樣。

蛀牙和口腔內的傷口，及身體方面的疾病都會引起口腔炎和舌炎，並出現紅色疹子、潰瘍和水泡，因為十分疼痛，所以不喜歡別人觸摸，有時候也會用爪子抓嘴巴。

耳朵

外耳炎／耳血腫

耳朵入口通向鼓膜的耳道發生炎症。

搔癢是這疾病的初期症狀，當炎症進一步惡化，就會出現疼痛，狗狗不喜歡別人摸牠的耳朵及周圍部分。

當耳朵受到重擊或受傷後，容易發生耳血腫，耳朵會突然腫脹，產生疼痛。

身體
不特定的部位

燙傷
擦傷
內出血
外部寄生蟲
跳蚤
骨折挫傷
刺傷

當狗狗不喜歡別人摸牠身體，可能只是單純的受傷，也可能是身體的疾病引起。先將狗狗的毛皮撥開，檢查是否有割傷、擦傷、燙傷或被刺到等外傷或皮膚病。

如果皮膚沒有異常，不妨檢查還有沒有其他症狀。如果走路方式異常或呼吸急促，要特別小心，必須及時就醫。送醫時，不要勉強將狗狗抱在懷裡，以狗狗不討厭的姿勢帶去動物醫院。

胸部

胸膜炎／肺・肋骨的異常

覆蓋肺部表面和胸壁內側的胸膜發生炎症，產生疼痛。

偶爾會因為肺部或肋骨的異常引起，因而不喜歡被別人摸。尤其當肺部產生異常，由於呼吸困難，即使不是運動後或氣溫較高的情況，也會呼吸急促。

搖晃頭部

要注意的訊號

- 耳朵內是否有白色粉狀的東西在動
- 耳朵內是否發出惡臭

- 是否不喜歡別人摸耳朵
- 是否有黑色的耳垢

如果狗狗不停的搖晃頭部，代表耳朵發生異常。當垃圾或蟲子等異物進入耳朵或罹患耳科疾病時，狗會想要藉由搖頭的動作將炎症的分泌物或寄生蟲等異物排出。除了搖頭外，用腳抓耳朵後方時，可能是罹患耳科疾病。

外耳炎是最常見的耳科疾病。累積在耳朵入口至鼓膜的外耳道累積的耳垢產生變質，或受到細菌感染引起炎症，稱為外耳炎。罹患外耳炎時，感覺好像一直有耳垢一樣，即使清潔耳朵，很快又會累積大量耳垢。因此，狗狗會感到奇癢

可能罹患的疾病

- 外耳炎
- 中耳炎
- 耳疥蟲症

●某一側的耳朵傾斜

有疾病等異常狀況，使耳朵會無力的下垂

●會用耳朵摩擦牆壁

因為耳朵裡面很癢，狗無法自己用手抓，只能將耳朵靠在牆壁或地面上摩擦。

難忍，不停的搖頭、抓耳朵。

當鼓膜的內側發生炎症時，就稱為中耳炎。通常都是外耳炎惡化引起，但不同於外耳炎的是，中耳炎不會搔癢，但耳根附近會產生強烈的疼痛。

耳疥蟲症是一種寄生在外耳，名為耳疥癬蟲的寄生蟲引起的疾病，這種耳疥癬蟲喜歡吃耳垢和耳朵的分泌物，在外耳產卵，且不斷繁殖。產生大量黑褐色、帶有惡臭的耳垢，因此，狗會不停搖頭、抓耳朵。這種蟲小於一毫米，仔細觀察可以發現耳洞內有許多白色粉狀的東西，在不停的活動著。

從耳垢了解耳朵異常

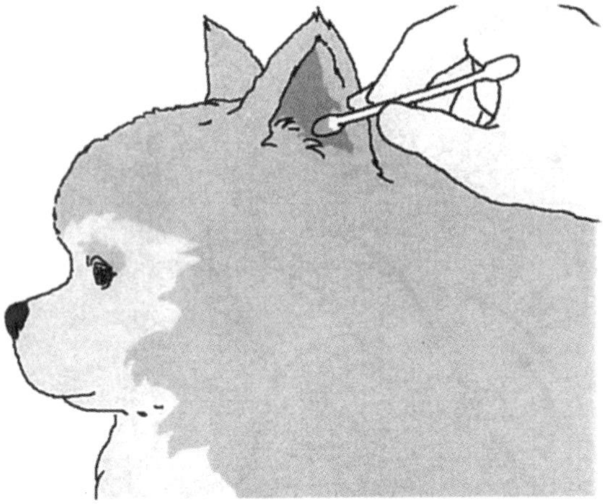

檢查耳垢顏色，就可以了解罹患了什麼疾病。

金黃色的耳垢

正常

黑色的耳垢

可能是中耳炎或外耳炎惡化引起出血

巧克力色的耳垢

可能受到耳疥癬蟲或細菌的感染

有膿

可能罹患了中耳炎或外耳炎

必須注意的耳科疾病的犬種

外耳道有較多毛的犬種

●西施犬　●貴賓犬　●馬爾濟斯

耳朵下垂的犬種

●獵犬系　●蹲獵犬系　●可卡犬
●米格魯
●巴吉度獵犬（Basset Hound）

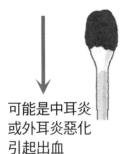

正確的清潔工作，有助於預防耳朵疾病

重點1 洗澡後，要讓狗狗充分搖頭，甩去耳朵裡的水分

甩頭時，耳朵裡的水分可以甩出，預防水分積在水中。只要向狗狗的耳朵吹氣，就可以促使牠搖頭。

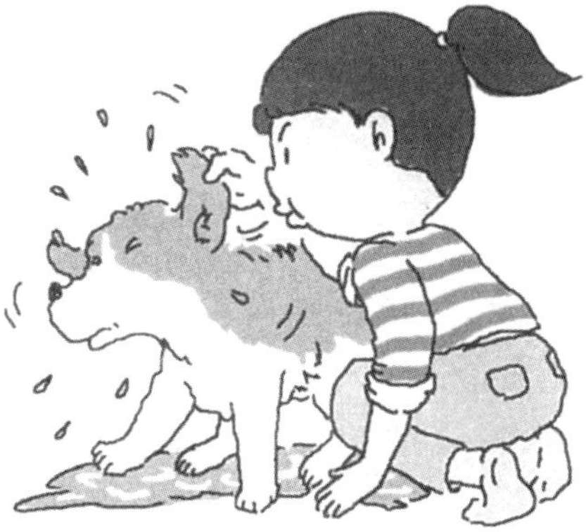

重點2 擦拭耳朵裡的水分

洗澡後，可以讓狗狗充分甩去水分後，再用乾毛巾或面紙將耳朵中水分擦乾淨。

重點3 剪去耳朵裡的毛，耳朵更透氣

對耳毛較多的犬種，要注意保持耳朵的透氣，平時要定期的剪毛、修毛。

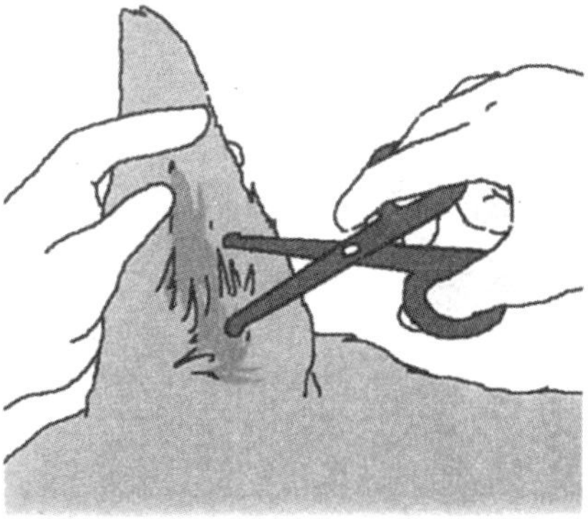

重點4 隨時清潔耳朵裡的污垢

使用棉花棒清潔，反而會將耳垢塞進耳朵深處。在家中自行清潔時，使用濕毛巾，小型犬可以使用紗布。要定期去動物醫院或動物美容院清潔耳朵深處的污垢。

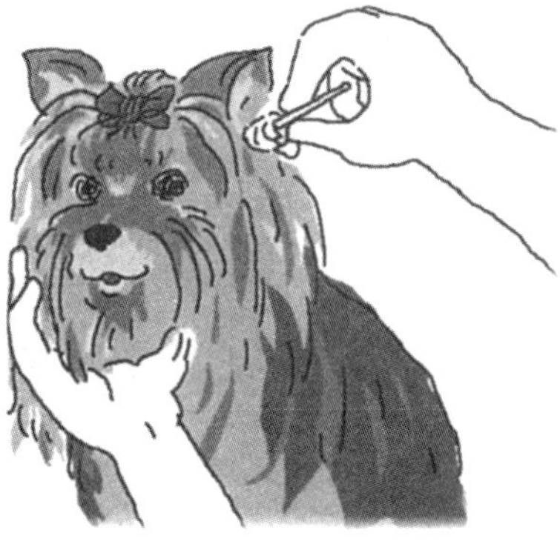

眼屎和眼淚很多

可能罹患的疾病

眼科疾病
- 角膜炎
- 結膜炎
- 乾性角結膜炎
- 眼瞼內翻症
- 眼瞼外翻症
- 瞬膜腺腫
- 流淚症

其他疾病
- 犬瘟熱
- 狗傳染性肝炎
- 貧血
- 營養失調

觀察眼睛要注意的重點

重點1 觀察角膜或結膜是否受傷

重點2 觀察眼瞼是否腫脹，眼睛是否瞇起

重點3 比較兩個眼睛，觀察兩眼狀態是否不同

重點4 仔細觀察眼淚是否導致眼睛周圍發生炎症

重點5 是否瞇著眼睛，怕光的樣子

重點6 仔細觀察結膜狀態

狗的眼睛靠眼淚保持眼睛濕潤，眼淚除了可以預防眼睛乾燥，也有助於將眼睛內的異物排出。因為灰塵導致眼淚分泌，不必太擔心。

當眼淚不止或眼淚變得混濁，可能是疾病引起。

淚腺正常會製造眼淚，經角膜分泌後，由淚孔吸收，通過淚小管後，流向鼻子。因疾病而無法正常排泄時，就會流淚不止。

正常情況下，眼淚為無色透明液體，但當眼睛黏膜發生炎症，眼淚中混有這些分泌液時，就會帶有黏性，這就是眼

重點2、3、5

眼睛發生炎症時，眼瞼會腫脹。嚴重腫脹時，看起來好像眼睛變小了。

觀察眼睛時，一定要將左右兩眼進行比較，觀察是否異常。當感覺光線刺眼或瞇著眼睛，猛眨眼睛時，很可能是因為睫毛倒叉而刺到眼睛。

重點6

結膜是覆蓋在眼白和眼瞼上的膜，狗的眼睛構造和人類不同，無法像人一樣，將眼瞼翻起，觀察結膜的狀態，所以，只能按眼球進行觀察。由於方法不容易，不妨請教獸醫。結膜炎通常只發生在某一個眼睛，眼白或眼瞼的背面會充血、發紅。

當兩個眼睛都變紅時，大部分是呼吸器官障礙導致。

重點1

角膜是覆蓋黑眼珠的膜。初期的角膜炎，受傷的角膜看起來會有點凹陷，症狀嚴重時，看起來呈白色混濁的樣子。

重點4

無法順利排泄眼淚，一直累積在眼睛周圍，或是不停流眼淚時，眼瞼上就容易長濕疹，眼睛周圍的毛也可能變色。

屎。由於眼屎帶有黏性，因此，無法像平時一樣藉由淚管排泄，會囤積在眼睛的周圍。

角膜炎和結膜炎都會產生眼屎，被稱為乾眼症的乾性角結膜炎，也會產生眼屎。

當睫毛向內側彎曲或是翻向外側，引起睫毛倒叉（眼瞼內、外翻症）也容易產生眼屎。

有眼屎不代表一定罹患眼科疾病，犬瘟熱或狗傳染性肝炎等感染症也會產生眼屎。罹患這些疾病，除了眼睛外，還會出現其他的症狀，所以必須仔細觀察。

眼睛發紅

仔細觀察眼睛哪一個部分發紅

●眼角是否發紅？
●眼睛是否發紅？
●下眼瞼的內側或眼白是否發紅？
●眼瞼及其周圍是否紅腫？

當狗狗的眼睛發紅時，代表罹患眼科疾病，以角膜和結膜的炎症較常見，但也可能是其他疾病所致。

眼白和下眼瞼的背面發紅，可能是結膜炎。由於結膜隨時和外界的空氣接觸，所以受到細菌或病毒感染，或受到化學物質的刺激就會引起發炎症，另外，乾燥也會引起炎症。

當角膜發紅代表角膜炎逐漸好轉，角膜上出現了細小的血管。當角膜炎痊癒血管就會消失，發紅情況也會消退。

可能罹患的疾病

- 結膜炎
- 角膜炎
- 乾性角結膜炎
- 瞬膜增生症
- 眼瞼炎
- 青光眼
- 眼瞼內翻症
- 睫毛亂生症
- 眼瞼外翻症
- 前房出血
- 瞬膜腺腫
- 心臟病

眼睛構造

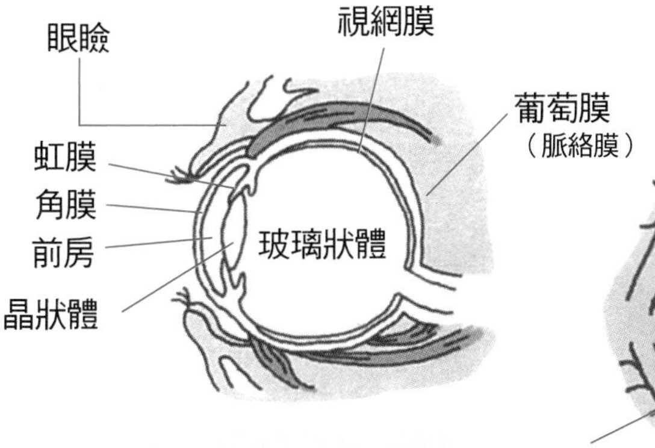

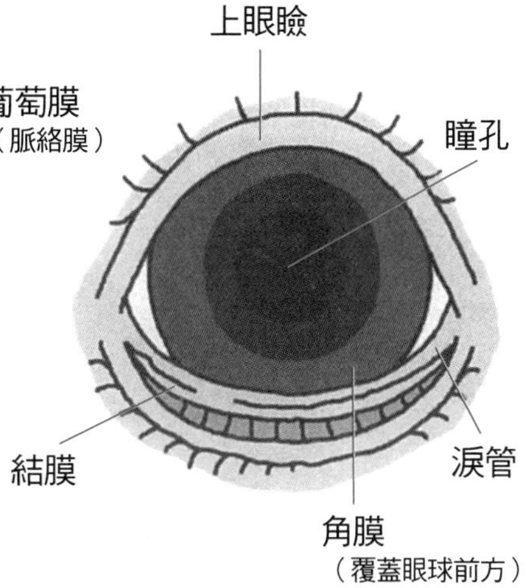

容易罹患眼科疾病的犬種

鼻部較短，眼睛較大的犬種，角膜容易受傷，因此容易罹患角膜炎等眼科疾病。例如：鬥牛犬（bulldog）、巴哥狗、西施犬、北京狗等。

飼養這種狗時，要仔細觀察眼睛狀況，了解是否出現異常。

保持清潔有助於預防眼科疾病，當垃圾或灰塵等異物沾到眼睛，容易傷害眼睛，受到細菌感染，就會引起炎症。

為了預防眼科疾病，要避免帶狗狗去充滿灰塵的地方散步，萬一狗狗在充滿灰塵的地方玩耍時，要養成洗眼睛的習慣。除了可以用自來水清洗，也可以在寵物店購買硼酸水，稀釋至1～2%的濃度，倒入前端較細的容器中，用力擠入狗狗的眼中清洗。

當眼瞼周圍發紅，進而腫脹時，很可能是眼瞼發生炎症的眼瞼炎，通常都是因為意外或打架等外傷所致。

在眼角內側稱為瞬膜的部分出現櫻桃般紅色腫脹時，很可能是瞬膜增生症。

罹患這種疾病時，瞬膜背面的瞬膜腺組織會肥大，引起炎症。

黑眼球發紅時，可能是罹患前房出血的疾病。黑眼球的表面是角膜，內稱為虹膜的組織。在二者間，是液體狀的前房。黑眼珠會發紅，是因為血液滲入前房中的液體（房水），通常是因為眼睛受到重擊或產生腫瘤所致。

罹患眼壓（為了使眼球維持球狀，眼球內部產生的壓力）過高引起的青光眼，某些犬種的眼睛會變成紅色。因為瞳孔放大時，可以看到眼睛深處的組織，雖然大部分狗罹患青光眼，眼睛都會變成綠色，但有些犬種會變成紅色。

除了眼科疾病外，罹患心臟病時，因血液循環變差，形成瘀血，結膜就會充血，最大的特徵就是兩側的眼睛會發紅。

揉眼睛

檢查重點 1

觀察眼睛及其周圍
□眼球是否拼命轉動？
□眼球是否突出？
□眼屎的量是否增加？
□是否有外傷、紅腫或出血等異常？

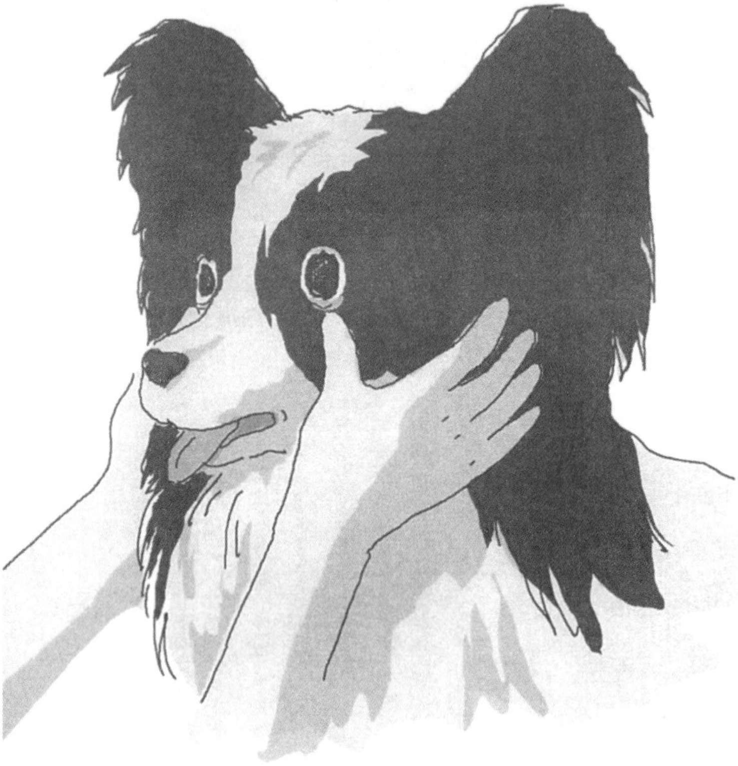

可能罹患的疾病

眼科疾病
・結膜炎
・眼瞼內翻症
・眼瞼外翻症
・葡萄膜炎
・角膜炎
・視網膜剝離
・視網膜浮腫
・眼底出血
・白內障
・青光眼
・瞬膜增生症

腦部出現異常時
・腦出血等

其他
・花粉症等過敏
・糖尿病
・犬瘟熱

當狗狗在揉眼睛時，可能是眼睛或眼睛周圍有疼痛或搔養的情況。當視力衰退或是完全看不到時，狗就會做出揉眼睛的動作。

出現揉眼睛動作時，可能是眼睛組織發生炎症。葡萄膜炎、角膜炎、視網膜剝離、視網膜浮腫、眼底出血、白內障、青光眼等都可能是眼球的疾病。

眼睛本身的問題和腦部異常，都可能導致視力衰退。

看到狗狗在揉眼睛時，除了眼球問題外，也可能是眼睛周圍發生炎症，或者是結膜炎

檢查重點 2

觀察眼球

眼球整體

□是否有粗血管？
□粗血管和細血管是否交錯？
□是否有發紅的現象？
□血管是否穿過黑眼珠？
□是否有異物？

瞳孔

□是否混濁？
□是否有絲狀或斑點狀的東西？

瞳孔以外的黑眼珠

□是否有外傷或凹陷？
□是否可以看到血管？
□圓形是否變形？
□是否有眼屎？

檢查重點 3

觀察眼睛的動作

●將點心或狗喜歡的東西在牠眼前晃動，檢查牠眼睛的動作

將狗狗喜歡的點心放在牠的眼前，上下左右的移動或是轉圓圈，檢查狗狗的兩眼是否同時活動，如果沒有同時活動，就要去醫院檢查。

●用手電筒對著眼睛照，然後移開

瞳孔正常時，面對光線時會縮小，當光移開後會放大。如果瞳孔大小沒有變化，就要立刻就診。

和倒長睫毛、瞬膜組織肥大造成的瞬膜增生症。

眼睛和眼睛周圍發生異常，進入眼睛的灰塵、沙子和毛都會成為刺激物，引起炎症。近年來，對花粉過敏引起的花粉症有增加的趨勢。

身體疾病也可能引起眼睛異常。糖尿病會導致視網膜剝離，產生不舒服的感覺，罹患犬瘟熱產生眼屎時，也會有揉眼睛的動作。因此，看到狗狗在揉眼睛，不要以為只是眼科疾病，還要檢查一下是否有其他症狀。

流鼻水

鼻水有分好幾種，有像水一樣的鼻水，也有帶有顏色和黏性的鼻涕。用白色面紙擦狗狗的鼻子，觀察鼻水。同時，也要檢查狗狗是否鼻塞。可以將手靠近狗狗的鼻子，或用撕成細條的面紙放在牠的鼻子面前，確認兩個鼻孔是否暢通。

將面紙放在狗狗鼻子前

可能罹患的疾病

鼻子、呼吸器官的疾病
- 鼻炎
- 鼻竇炎
- 支氣管炎
- 肺炎

感染症
- 犬舍咳
- 犬瘟熱

其他
- 鼻子腫瘤
- 牙齒的疾病（牙周病等）
- 異物（魚骨等）
- 眼科疾病（結膜炎等）
- 喉嚨或消化器官的異常

狗流鼻水時，會常常用舌頭去舔乾淨，所以，飼主不容易發現狗狗有流鼻水的情況。鼻水有好幾種，有像水一樣無色透明者，也有點混濁，帶有黏性的，還有混有化膿的膿汁的鼻水。

鼻黏膜受到刺激時，就會流鼻水，急速的氣溫變化、灰塵、化學物質等疾病以外的原因，也會流鼻水。

鼻炎和鼻竇炎都會引起流鼻水，受到細菌或病毒感染時，會開始流像水一樣的鼻水，症狀惡化時，鼻水會出現黏性。鼻黏膜發生炎症時，就

檢查重點　觀察的六大重點

1.是否鼻塞？

□右側的鼻孔
□左側的鼻孔

2.鼻水的狀態

□像水一樣
□帶有黏性
□帶有膿液
□帶血

3.是否咳嗽？

□帶痰的咳嗽
□乾咳

4.是否發燒？

加的正常體溫為 38.5 度，當體溫超過 39.5 度，必須立刻去動物醫院就醫。

5.測量呼吸次數

小型狗 1 分鐘的呼吸次數為 20～30 次，大型狗為 15 次左右。

6.眼睛和口腔是否有異常？

□眼睛很紅
□有眼屎
□嘴裡有骨頭等異物
□嘴裡有異味

會引起鼻炎，當炎症進一步向鼻子深處擴散，就會造成鼻竇炎，開始流帶有黏性、化膿的鼻水。

炎症擴散到支氣管，會引起支氣管炎，出現劇烈咳嗽。

鼻子長腫瘤或喉嚨、食道、胃等出現異常，也會流鼻水。嘔吐時，胃液倒流，刺激鼻子時，也會流鼻水。由於鼻腔和口腔相連，發生牙周病或喉嚨被異物卡到，鼻黏膜會受到刺激，也會流鼻水。

結膜炎等眼科疾病導致大量眼淚，眼淚會通過鼻腔流出，而感覺好像在流鼻水。

流鼻血

可能引起流鼻血的疾病

●頭部是否受到重擊？
↓
頭部重擊、骨折引起出血
●慢慢流少量鼻血
↓
腫瘤
●口腔黏膜是否有出血現象？
↓
血液的疾病、感染症
●是否曾和其他狗打架？
↓
外傷引起出血

很多原因都會造成狗狗突然流鼻血，最常見的就是鼻樑或頭部受到重擊。

這種外傷引起的流鼻血會突然發生，量也比較多，只要稍微休息一下，大部分都會停止流血。如果用東西塞住鼻孔，反而容易造成狗狗呼吸困難。

如果血流不止時，最好帶去動物醫院做適當的處理。

當鼻腔以外的原因造成出血時，很可能是血小板減少症的血液疾病。血小板是血液的成分之一，有止血作用，當血小板減少，容易出血、流鼻血。會不斷的有流鼻血的情況發生，但量都不會太多，有時候，口腔黏膜也會有出血現象。

中毒也會造成流鼻血。

流鼻血時，不要以為止血就放心了，必須觀察狗狗是否有食慾、糞便的狀態等全身症狀，尤其發生不明原因的流鼻血狀況時，必須要帶去動物醫院檢查。

可能罹患的疾病

- 頭部撞擊、骨折
- 鼻腔內部的腫瘤
- 血液疾病（血小板減少等）
- 中毒
- 感染症

鼻子乾燥

狗狗的鼻子乾燥時，許多人都會覺得狗狗生病了。尤其在犬瘟熱流行的現在。

罹患犬瘟熱，如果症狀嚴重，鼻子的皮膚會乾燥變厚，甚至乾裂，因此，鼻子乾燥的症狀成為該疾病的訊號。

狗的鼻尖（鼻鏡）隨時都會分泌水分，所以，摸狗鼻子的時候，都會覺得濕濕的。但狗在生病時，鼻子並不一定會變乾燥。

當狗熟睡時，鼻尖的水分分泌減少，而且睡在濕度低的乾燥場所時，鼻子就會變乾燥。

如果狗醒著的時候鼻子也很乾，不妨持續觀察一陣子。發高燒時，鼻子的水分也容易蒸發。另外，自律神經異常時，鼻子也會乾燥。

當鼻子乾燥時，首先幫狗狗量體溫，如果狗狗精神不好，請觀察是否有異常症狀。

可能罹患的疾病

- 犬瘟熱
- 引起高燒的感染症
- 自律神經異常

喘氣

呼吸困難時，狗狗的姿勢

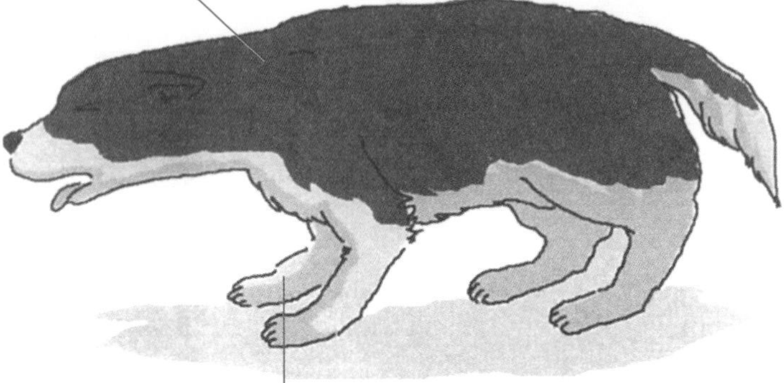

還要檢查是否有其他症狀

注意重點

- □是否發燒？
- □是否有咳嗽，是怎樣的咳嗽？
- □脈搏是否加速？
- □口腔黏膜是否變白？
- □走起路來是否搖搖晃晃？
- □是否渾身無力的樣子？

狗在呼吸時，除了攝取氧氣，還具有調節體溫的功能。狗沒有汗腺，不會流汗，所以藉由蒸發唾液釋放熱量。因此，狗在運動後和酷熱時，會氣喘如牛。

如果狗狗經常喘氣，有呼吸困難的症狀，可能罹患某種疾病。

當肺部和支氣管發生炎症時，就無法順利呼吸，只能藉由增加呼吸的次數，攝取更多的氧氣。診斷必須了解在急促呼吸時，是否有咳嗽症狀。有咳嗽症狀，必須仔細觀察是否有痰，及咳嗽的狀態。

可能罹患的疾病

呼吸器官的疾病
- 支氣管炎
- 咽喉炎
- 肺炎
- 軟口蓋過長症

循環器官的疾病
- 先天性心臟疾病
- 心臟功能不全
- 心絲蟲症

胸部外傷
- 肋骨受強烈撞擊
- 骨折

其他
- 感染症
- 貧血
- 脊髓疾病
- 寄生蟲病
- 喉嚨內有異物等

從其他症狀判斷可能罹患的疾病

呼吸急促
＋
咳嗽
↓
可能罹患支氣管炎或肺炎等感染症

呼吸急促
＋
貧血
↓
可能罹患寄生蟲病或脊髓疾病

呼吸急促
＋
發燒
↓
可能罹患傳染病或感染症

呼吸急促
＋
熱得渾身無力
↓
是否曾被關在酷熱的室內或車內，或是在大太陽下散步？可能中暑了

罹患心臟病等循環器官的疾病，也會導致呼吸異常。當心臟發生障礙，會影響血液循環，無法將氧氣送到全身，氧氣不足就會引起呼吸急促。在這情況下，脈搏會加速，可以在後腿內側的動脈把脈了解情況。

當肋骨或胸骨受到重擊或骨折，也會造成呼吸急促。

當感染症引起高燒，為了釋放體熱，呼吸會變得急促。

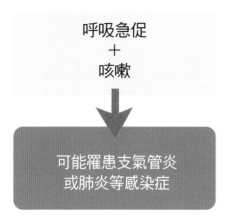

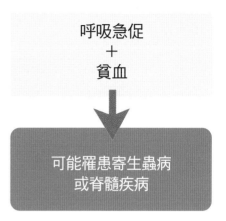

流口水

檢查狗狗的口腔

檢查重點 1
是否有牙垢或牙結石？
↓
可能罹患了牙周病

檢查重點 2
嘴裡是否有異味？
↓
可能罹患口腔炎、牙周病或口腔腫瘤

檢查重點 3
表情是否很痛苦？
↓
可能罹患了食道炎、食道哽塞

檢查重點 4
是否沒有精神？
↓
很可能罹患犬瘟熱鉤端螺旋體病

檢查重點 5
舌根、脖頸或耳朵下方、下巴是否腫脹？
↓
可能罹患唾液腺的炎症

檢查重點 6
是否長時間坐車？
↓
可能是暈車

檢查重點 7
臉部表情是否很緊張？
↓
可能罹患顏面神經障礙

檢查重點 8
是否有玩具或小東西不見？
↓
很可能誤吞異物

狗看到食物或聞到食物味道，會反射性的流口水。酷熱或運動，會蒸發唾液、調節體溫。如果不停流口水，或是嘴角總是積著口水時，就可能是罹患疾病。

口水量增加，要先仔細檢查狗狗的口腔。當口水異常增加時，與口腔疾病有很大的關係，最有可能的是口腔炎。狗都靠嘴巴拿東西，所以，經常會將異物放入嘴中，造成口腔外傷，也容易引起口腔炎。當狗狗舔清潔劑等化學物質或吃熱食時，也會引起口腔炎，使唾液大量分泌。當口腔內產生

可能罹患的疾病

嘴、口腔疾病
- 牙周病
- 口腔炎
- 口腔腫瘤
- 腔頭炎
- 咽喉炎

消化器官的疾病
- 食道炎
- 食道梗塞
- 唾液腺的炎症

傳染病
- 犬瘟熱
- 鉤端螺旋體病

腦部和神經的疾病
- 顏面神經障礙
- 癲閒症
- 腦脊髓膜炎

其他
- 暈車
- 誤吞
- 龍葵鹼中毒

檢查口腔重點

定期觀察口腔內的狀態，有助於及時發現疾病。將狗狗的嘴巴打開，翻開嘴唇，仔細觀察嘴唇背面、牙齒和舌頭，檢查是否有變色、異味，並檢查分泌物的狀態是否有改變。

舌頭

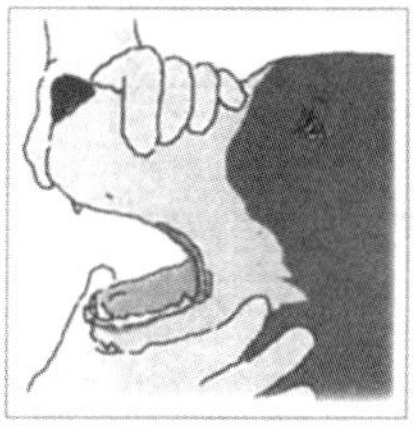

用雙手將狗狗的嘴巴打開，觀察舌頭的狀態，同時，也要仔細觀察上顎和牙齦內側的部分。

嘴唇的內側

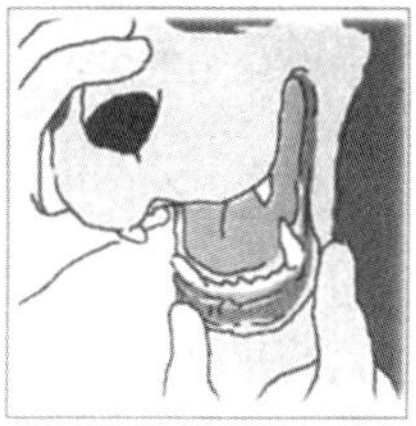

要用力將內側翻出後檢查。

牙齒

在檢查牙齦的同時，檢查牙齒的狀況。

牙齦

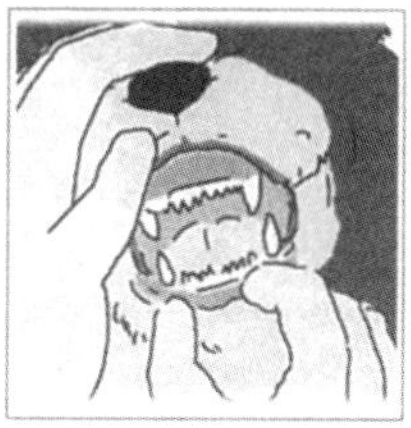

將嘴唇翻開，檢查牙齦是否變色或腫脹。

腫瘤，會大量分泌唾液。

牙齒的疾病也會導致唾液分泌。當牙垢和牙結石累積，牙齦發炎而變牙周病時，唾液也會增加。

口腔深處的喉嚨部分（喉頭、咽喉、食道）發生炎症，會大量分泌唾液。因為健康時，唾液會和食物一起吞嚥下肚，當發生炎症，無法順利將食物吞嚥，唾液就會流出來。

唾液腺發生異常，唾液也會增加。耳下腺、顎下腺和舌下腺分泌唾液，部分發生炎症時，就會不停的流口水。

當大腦受到刺激時會分泌唾液，因此罹患顏面神經障礙、癲癇、腦脊髓膜炎等疾病時，唾液分泌就會增加。

吃了馬鈴薯的芽，會引起龍葵鹼中毒，使口水大量分泌。

罹患犬瘟熱、鉤端螺旋體病等疾病，也會導致口水增加。罹患這些疾病，還會有其他併發狀，所以很容易發現。如果口水比平時多，很可能罹患其他疾病，必須仔細觀察。

腹部腫脹

如果沒有肥胖、飲食過量、便秘等症狀，腹部卻腫脹時，請直接觸摸狗狗的腹部，檢查是否可以摸到硬塊，或有熱熱的感覺？是否除了腹部外，胸部也腫脹，或是感覺腹部有很多積水？仔細觀察，除了腹部腫脹，是否還有其他症狀。

當蛔蟲等寄生蟲寄生在腹部，容易引起慢性腸炎，使腸道脹氣，導致腹部鼓起。當心絲蟲寄生在心臟，腹部會腫脹。心絲蟲會引起心臟功能不全和肝硬化，使腹部累積腹水，導致腹部鼓起。

觸摸狗狗的腹部

如果有以下的觸感？可能是疾病的訊號

□有活動的硬塊 → 腫瘤或腸道阻塞

□發燒 → 腹膜炎

□有波動感 → 內臟疾病、腹積水症

用一隻手放在腹部的側面，另一手輕輕拍打另一側腹部，可以感受到波動感。拍打時的振動傳至腹部內部，當另一手可以感受到波動感，代表腹中積了腹水。

如果有以下症狀？要特別留意

□咳嗽 → 心絲蟲症

□浮腫 → 心臟病、腎臟病、肝臟病等內臟疾病

□尿量減少 → 腎臟病、泌尿器官的疾病

□大量喝水 → 子宮蓄膿症

除了腹部腫脹外，還要檢查是否有其他症狀，例如咳嗽、浮腫、排尿是否有異常。

可能罹患的疾病

寄生蟲
- 蛔蟲症
- 心絲蟲症

內臟的疾病
- 心臟病
- 腎臟病
- 鼓腸症
- 骨骼擴張
- 腹積水症
- 腹腔內腫瘤
- 腸阻塞
- 淋巴肉瘤
- 白血病
- 骨髓腫瘤

泌尿器官、生殖器官的疾病
- 子宮蓄膿症
- 攝護腺肥大
- 膀胱麻痺
- 尿路結石症
- 腹膜炎

當發現腹部腫脹，首先檢查以下的重點

檢查 1
是否吃太多？

是否趁主人不注意，吃了大量飼料？在吃完乾型飼料後，如果大量喝水，胃中的食物會膨脹，腹部會腫脹。

檢查 2
是否便秘？

健康的狗排便次數與吃飼料的次數相同，或比吃飼料的次數多一次，如果少於吃飼料的次數，就會便秘，便秘會造成腹部鼓起。

檢查 3
是否肥胖？

為狗狗測量一下體重。當體重突然增加，腹部就會鼓起。

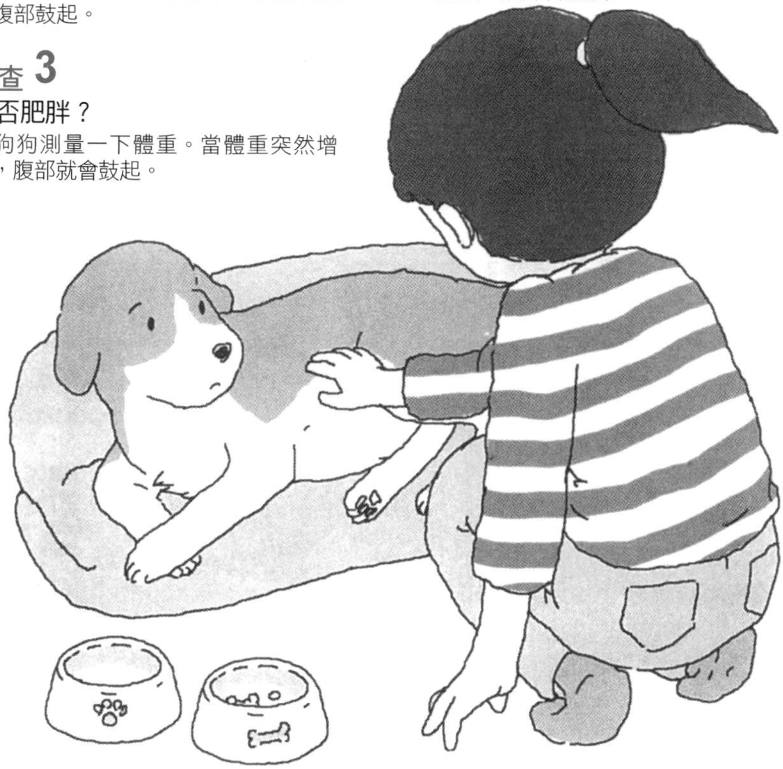

罹患心臟病、腎臟病、肝臟病等內臟疾病，會出現浮腫、內臟腫脹的症狀，所以腹部會鼓起。這些內臟疾病惡化，腹部會積水（腹積水症），因此看起來特別大。

當腹部有硬塊，除了罹患內臟腫瘤外，也可能是淋巴肉瘤、白血病、骨髓腫瘤等血癌。

腸胃障礙會引起腹部腫脹，像是腸道變狹窄，使腸的內容物累積引起鼓腸症，或是吃太多乾型飼料，並喝大量水引起的胃擴張等，都可能造成腹部鼓起。

子宮受到細菌感染，造成膿大量累積的子宮蓄膿症也會使子宮膨脹，腹部隆起。

生殖器腫脹

公狗

可能罹患的疾病

・睪丸腫瘤

觀察生殖器周圍

是否有掉毛現象？
鼠蹊部是否腫脹？
睪丸是否腫脹？

當公狗的生殖器腫脹，必須特別警惕是睪丸還是陰莖腫脹。

腫脹的原因可能是受到撞擊或外傷化膿引起，及睪丸腫瘤引起的肥大。

睪丸腫瘤常見於隱睪的狗。在正常情況，母狗胎中，狗的睪丸囊位於腎臟後方，快要出生時，睪丸會逐漸下降，在出生滿月後，會進入陰囊內。

但隱睪症，睪丸會停留在腹腔部或鼠蹊部而無法下降，但如果只有單側的睪丸會發生隱睪，另一側睪丸在正常的位

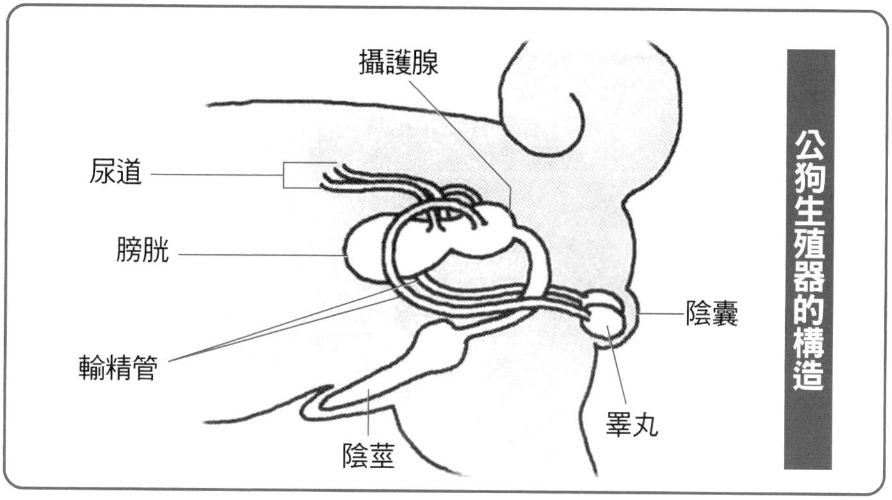

睪丸移動與隱睪症

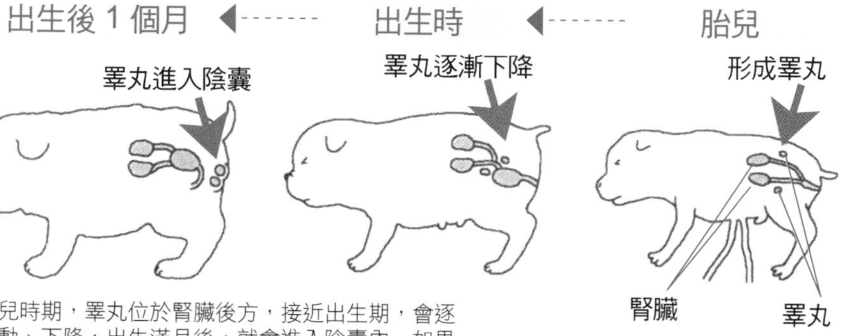

在胎兒時期，睪丸位於腎臟後方，接近出生期，會逐漸移動、下降，出生滿月後，就會進入陰囊內。如果無法進入陰囊內，就成為隱睪。

置，就不會影響生殖機能。

隱睪症容易變成睪丸腫瘤的原因。

睪丸腫瘤是精巢細胞異常增殖的疾病。該細胞分為精上皮腫、足細胞瘤（Sertoli cell tumor）、間質細胞瘤三種，尤其當足細胞瘤引起睪丸腫瘤時，整個睪丸會腫脹。

罹患足細胞瘤和間質細胞瘤時，會大量分泌女性荷爾蒙，可能會引起腹部的毛掉落或皮膚炎症狀。

當陰莖腫脹，很可能發生排尿障礙和血液循環障礙。

生殖器腫脹

母狗

可能罹患的疾病

- 子宮蓄膿症
- 陰道炎
- 陰道外翻

要注意生殖器是否異常

- 腹部是否腫脹？
- 陰部是否分泌出血膿？
- 陰部是否腫脹？
- 是否有分泌物？
- 是否大量喝水？
- 是否有發燒、嘔吐症狀？

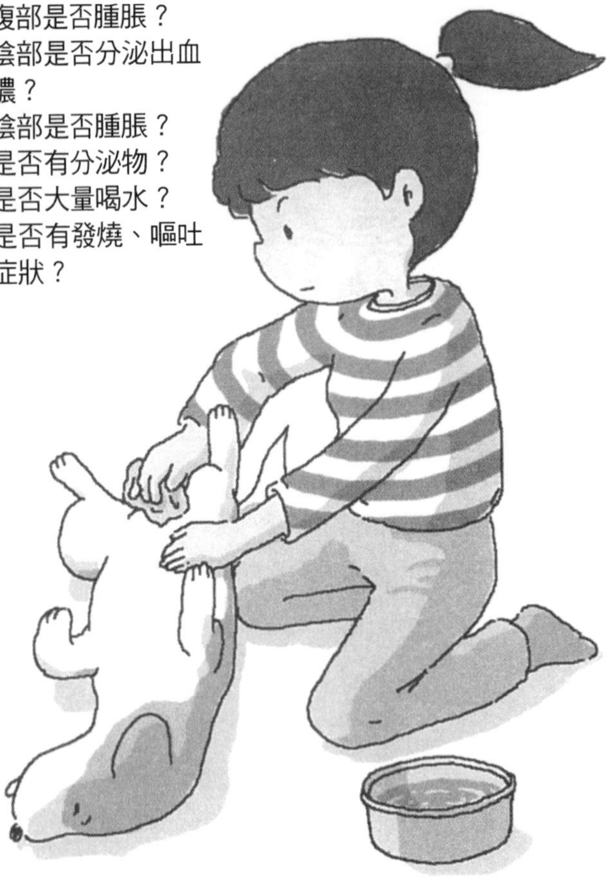

當母狗的外陰部腫脹，很可能是子宮受到細菌感染引起的子宮蓄膿症。

正常情況，狗的子宮入口（子宮頸）呈關閉的狀態，但在發情期時會張開，因此細菌容易入侵。而且在發情期時，子宮黏膜可以將精子送入子宮深處，細菌也會趁虛而入，進入子宮深處，引起炎症。當發情期結束，子宮頸就會關閉，細菌就會在子宮的深處增殖，累積膿汁。

罹患這種疾病，不僅會造成陰部腫脹，子宮也會蓄膿，所以腹部也會隆起。因為狗會

母狗的生殖器構造

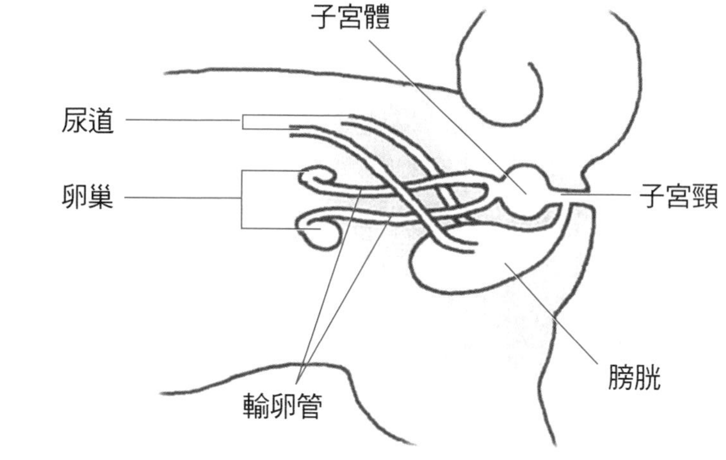

大量喝水，尿量增加也是另一特徵性的症狀。當子宮頸放鬆時，陰部會流出分泌物以及混有血液後發出腐敗臭味的巧克力色膿汁。

當子宮蓄膿症惡化，子宮就會破裂，引起腹膜炎，嚴重時，可能危及生命。一旦發現異常，就要立刻就診。治療，需要將子宮、卵巢和子宮頸切除。

當生殖器腫脹，也有可能是陰道炎或陰道外翻。陰道炎也是陰道受到細菌感染引起的疾病，與子宮蓄膿症一樣，都是在發情期細菌入侵引起的疾病。

陰道外翻是支撐陰道的韌帶斷裂或鬆弛時，腹部承受壓力，陰道就會外翻後掉出來。

母狗的生殖器疾病可以預防

母狗的生殖器疾病幾乎都是細菌感染引起，因此，保持生活環境的清潔衛生十分重要。尤其在發情期，子宮入口鬆弛，細菌容易入侵，所以陰部必須保持清潔。散步回家後或當狗狗坐在不乾淨的地方，要用自來水清洗陰部。

陰部距離肛門很近，也容易受到糞便感染。尤其腹瀉，為了避免陰部碰到糞便，必須及時處理，將肛門周圍擦乾淨，保持清潔衛生。

狗會用嘴將身體舔乾淨，所以，保持口腔清潔也有助於預防疾病。口腔的雜菌也會引起陰部發炎。

皮膚腫塊

注意皮膚的隆起

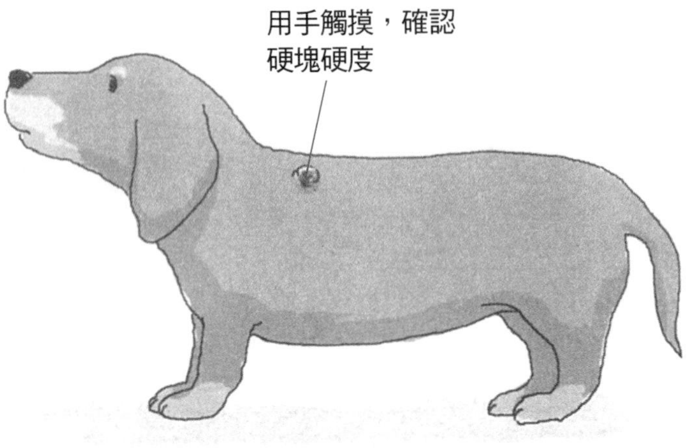

當皮膚腫脹、隆起或有硬塊，可能罹患皮膚癌，皮膚癌是狗最容易罹患的癌症。

皮膚癌有許多不同的種類，其中，皮脂腺腫是分泌皮脂的皮脂腺發生的癌症，患部會有數公分脫毛的現象。

扁平上皮細胞癌是製造皮膚和黏膜的細胞發生的癌症，常見於耳朵、鼻尖和指甲根部。

黑色素瘤（melanoma）是形成黑色腫瘤的癌症，屬於惡性腫瘤，容易轉移。一般認為，這二種癌常見於白毛的犬種。

除此以外，還有肥胖細胞腫、腺癌、肛門周圍腺腫等。

平時就要十分注意皮膚異常，一旦發現異常，就要及時就診。

罹患乳癌時，皮膚也會腫脹。母狗罹患的癌症中，乳癌佔50％以上。

罹患乳癌時，硬塊（皮膚腫脹）是唯一症狀，乳房和乳頭之間會出現各種大小、硬度不同的硬塊。

可能罹患的疾病

- 皮膚癌
- 乳癌

淋巴結腫脹

檢查下巴和脖頸周圍

淋巴結分布在下巴下方、腹部、胸部和腋下、大腿根部等全身各部分。

當淋巴結出現硬塊時，可能罹患淋巴癌。

當罹患感染症或發燒時，淋巴結都會腫脹，如果沒有其他症狀，只有淋巴結腫脹時，可能罹患淋巴癌。

淋巴癌是一種血癌，狗的淋巴癌好發於下巴下方的淋巴結。

淋巴癌是一種危險的疾病，如果不及時發現和治療，會危及生命。

只要能早期發現，使用抗癌藥物進行治療，治癒的機率很高。

5～7歲的狗最容易罹患癌症，尤其是老犬。

治療癌症時，早期發現、早期治療最重要。平時保養時，要仔細觀察身體各個部分，檢查淋巴結是否腫脹有硬塊等。

可能罹患的疾病

・淋巴癌

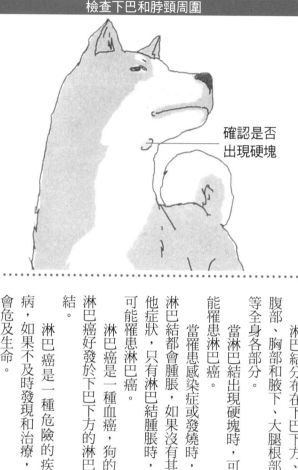

乳房腫脹

檢查及時發現乳癌

擠壓乳頭
檢查重點3
用手撫摸乳房周圍
□是否有發燒的地方？
檢查重點4
按壓、撫摸乳頭和乳頭之間
□是否有硬塊？

可能罹患的疾病

・乳癌

乳房腫脹，很可能罹患乳癌。這是常見於母狗的疾病，一般認為乳癌是受到女性荷爾蒙影響引發的癌症。

乳房的硬塊分為良性和惡性（癌），如果硬塊堅硬、平均，位於皮膚下方，硬塊周圍的界限明顯，而且可以活動，不會引起潰爛和潰瘍，成長速度較慢，就屬於良性瘤。

但如果在皮膚深處有硬塊，而且硬塊周圍的界限很不明顯，並有潰爛、化膿和潰瘍發生，就是惡性腫瘤。若罹患惡性腫瘤，在1、2個月內會突然變大，硬塊的部分會擴

若狗狗罹患癌症，會出現以下的症狀

- 體味變強烈，身體發出惡臭
- 沒有明確理由，體重卻一直減少
- 皮膚的硬塊或口中的破皮沒有好轉，傷口越來越大。
- 受傷的傷口不見好轉，反而產生潰爛
- 呼吸一下變急促，一下緩慢，沒有規律
- 不喜歡散步等運動，很容易疲勞
- 嘴、鼻、乳頭、肛門等出現混有血或膿的分泌物
- 吃飼料好像很痛苦，無法吞嚥，常常吐出來
- 走路拖著腳走路，身體有麻痺的部位
- 排尿和排便異常

癢、引起炎症和發燒，乳頭會分泌血和膿等分泌物。

但一般人無法判斷腫瘤的良性或惡性，一定要請醫師診斷。

乳癌的初期症狀只有乳房腫塊和硬塊，罹患乳癌時，早期發現、早期治療十分重要，因此，每個月都要進行一次乳癌檢查。

上圖介紹癌症常見的症狀，乳癌可能轉移至其他器官，因此，一定要及時了解狗狗的身體異常，進行治療。

皮膚有異味

檢查異味的來源

是否全身都有異味？

如果全身都散發異味，首先要仔細檢查皮膚和毛皮。如果皮膚發紅、長疹子、化膿，或是皮膚和毛皮很油，可能罹患皮膚病。

鈹紋之間是不是有問題？

鈹紋之間的透氣性不佳，很容易引起皮膚問題，必須特別警惕。尤其是鬥牛犬或巴哥狗等臉上有深深鈹紋的犬種，一定要保持鈹紋間的清潔。食物屑或污垢容易積在鈹紋之間，必須隨時保持清潔。

如果全身都有異物，很可能是罹患皮膚病。最有可能的是罹患皮脂漏。這種疾病會使皮膚分泌的皮脂過少或過多，分為乾性和濕性二種。

身體有異味，也可能是罹患膿皮症。細菌會附著、入侵在皮膚或毛孔的外傷或濕疹上，引起炎症，使皮膚變紅，長出疹子，當症狀進一步惡化時，就會化膿。免疫力較差的小狗、老犬和因為荷爾蒙異常導致免疫力衰退的狗，會在幾天時間內，擴散到全身。

可能罹患的疾病

- 皮脂漏
- 膿皮症

耳朵有異味

耳朵發臭的檢查重點

耳垢的狀態是否和平時相同？
健康的耳垢接近金黃色，帶有黏性。當耳垢變成深色，或是帶有水狀，很可能罹患外耳炎。

是否有許多耳垢？
如果耳垢不清潔，很容易發臭，檢查一下耳垢是否發出異味。

耳朵是否會發癢？
如果狗狗經常抓耳朵或搖頭，可能是耳朵發生異常。

耳翼是否發生異常？
當耳朵發生炎症，出現潰爛症狀，可能是過敏性皮膚炎。

外耳道是否有異物？
有時候，野草的種子、小石頭或木屑等異物，很可能是外耳道引起炎症。外出遊玩後，一定要好好檢查。

可能罹患的疾病
- 外耳炎
- 中耳炎
- 耳疥蟲症

耳朵入口附近是否有許多耳垢？

健康狗的耳垢沒有異物，但如果長時間不清潔耳垢，耳垢就容易變質，發出惡臭。

當累積的耳垢受到細菌、黴菌和寄生蟲等感染，引起炎症，就會變成外耳炎。如果不及時治療，炎症就會擴散至中耳，形成中耳炎。

耳疥癬蟲寄生也和外耳炎一樣，會產生帶有惡臭的耳垢。

臀部有異味

臀部有異味時的檢查重點

●狗狗是否用臀部摩擦地面？

當狗狗將後腿向前伸，走路時將肛門摩擦地面，很可能罹患肛門囊炎。可將狗狗的尾巴拉起，檢查位於肛門左右斜下方的肛門囊是否發生異常。

●臀部周圍是否發紅、潰爛？

檢查肛門周圍是否有發紅、潰爛、濕疹或結痂。如果是毛皮較長的犬種，一定要撥開毛皮仔細檢查。排便後，如果不將糞便清潔乾淨，皮膚容易潰爛，引起炎症。

●是否會舔或咬自己的臀部？

當肛門或生殖器產生炎症，狗狗會很在意，不停的舔、咬臀部。

●臀部是否有濕疹？

撥開毛皮，檢查皮膚，看是否有濕疹。也要檢查皮膚是否粗糙或發炎。

●肛門斜下方是否腫脹？

肛門囊會分泌帶有異味的分泌物，戴上手套，墊上面紙，觸摸肛門斜下方的肛門囊，如果腫脹時，可能是肛門囊炎。

●臀部周圍是否有硬塊？

罹患肛門囊炎，觸摸肛門左右斜下方的肛門囊，會發現好像有硬塊。按壓一下，檢查是否存在硬塊。

當臀部有異味，很可能是罹患肛門囊炎。肛門囊位於肛門兩側，累積很多會發出異味的分泌物。在正常情況下，會在排便時，隨著糞便一起排出，但當分泌物累積，引起炎症，肛門就會發出惡臭。

肛門周圍發生的皮膚炎稱為肛門周圍炎，當糞便沾在肛門周圍，就會引起潰爛，或是當狗狗將臀部在地上摩擦，造成皮膚的外傷，可能會引起炎症，而化膿發出異味。

如果是母狗，也可能罹患陰道炎和子宮蓄膿症。

可能罹患的疾病

- 肛門囊炎
- 肛門周圍炎
- 陰道炎
- 子宮蓄膿症

口腔有異味

口中有異味時的檢查項目

●是否有鬆動的牙齒？
當牙齒鬆動，代表已經罹患牙周炎。要檢查一下牙齦是否腫脹。

●是否有牙結石？
仔細觀察牙齒和牙齦間的縫隙。如果有牙結石，很可能罹患牙周病。

●口中是否被異物刺到？
有時狗不會發現口中有異物。卡在牙齒和牙齦間時，更不容易感覺到，要仔細檢查狗狗的口腔。

●嘴巴周圍和嘴唇是否潰爛？
如果嘴巴周圍或嘴唇上有潰爛時，很可能是嘴角炎。罹患過敏性皮膚炎，嘴巴周圍也會突然出現濕疹。

●嘴裡是否有傷口或潰瘍？
嘴裡有傷口或紅腫、潰爛很可能引起炎症、化膿。

口中有異味，通常都是牙周病引起。當牙齒和牙齦間的牙垢累積，會變成牙結石，刺激牙齦，造成炎症，就是所謂的牙周病。當炎症進一步惡化，牙根就會積滿膿。

當牙齒掉落或折斷，牙根會產生傷口，受到細菌感染，會引起炎症和化膿。這是稱為牙根腫瘍的疾病，會發出異味。口腔炎和嘴角炎也會導致異味。

當口腔的傷口受到細菌感染，膿汁會發出異味。

可能罹患的疾病

- 牙根腫瘍
- 牙周病
- 口腔炎
- 嘴角炎
- 口中的異物

痙攣

痙攣的檢查重點

檢查重點

●頭部受傷
↓
外傷引起的痙攣

●全身痙攣
↓
癲癇、犬瘟熱引起的痙攣

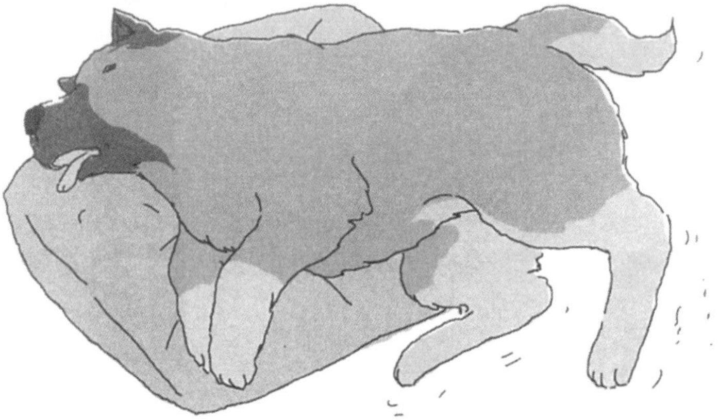

●口吐白沫
↓
癲癇引起的痙攣

●昏迷，失去意識
↓
肝性腦病變、癲癇、低血糖引起的痙攣

●同時有腹瀉、嘔吐症狀
↓
中毒引起的痙攣

●有阿摩尼亞味
↓
尿毒症引起的痙攣

在自我意志無法控制的情況，身體發抖或變僵硬的狀態，稱為痙攣。許多疾病都會引起痙攣，都是因為大腦功能障礙，導致無法控制肌肉的活動。癲癇是引起痙攣發作的最典型疾病。

從高處跌落、重擊，以及刺到頭部的異物傷害大腦，引起痙攣。

受到犬瘟熱病毒感染時，會發生類似癲癇的全身痙攣。當肝臟發生障礙，肝臟無法處理的阿摩尼亞會侵襲大腦，引起神經障礙，最後痙攣。尿毒症也會有相同情況發生。

可能罹患的疾病

腦、神經的疾病
- 外傷
- 癲癇
- 犬瘟熱
- 肝性腦病變

中毒
- 鉛中毒
- 藥物中毒

內分泌系統的疾病
- 低血糖（肝病、胰臟疾病、糖尿病）

其他
- 中暑
- 尿毒症
- 腎臟病

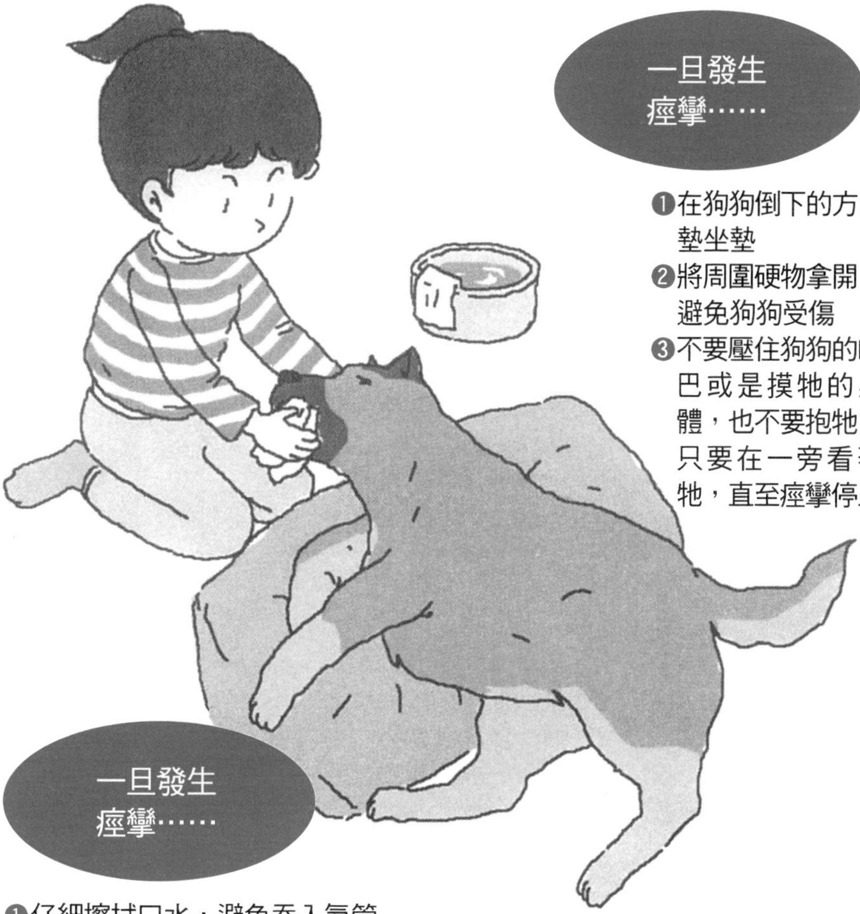

一旦發生痙攣……

❶在狗狗倒下的方向墊坐墊
❷將周圍硬物拿開，避免狗狗受傷
❸不要壓住狗狗的嘴巴或是摸牠的身體，也不要抱牠，只要在一旁看著牠，直至痙攣停止

一旦發生痙攣……

❶仔細擦拭口水，避免吞入氣管
❷將症狀仔細記錄下來，就醫將記錄內容給獸醫看，有助於醫師診斷

低血糖，大腦能量不足，會無法發揮正常的功能，而引起痙攣。營養不足和肝臟、胰臟的疾病都可能引起低血糖。

吃下異物，毒素會進入大腦，進而引起痙攣。鉛中毒是所有中毒最危險的。雖然不是一吃下就會引起痙攣，但在體內累積後，就會因為中毒引起痙攣等神經症狀。在電池、油漆或傢俱的清漆中都含有鉛，所以要特別注意。

嚴重中暑，也會出現痙攣症狀。

舔前腿

狗狗舔的前腿

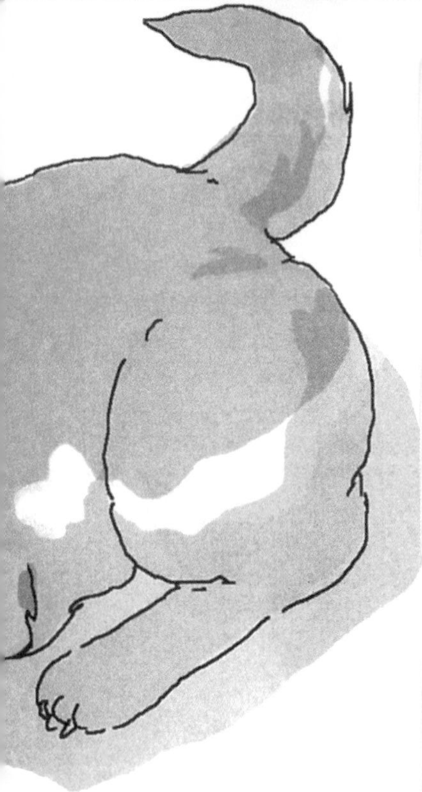

舔前腿的哪個部分？
確認是否有骨折、脫臼或挫傷造成的外傷

只有舔某一方的前腿？還是舔兩腿？
如果舔兩腿，很可能是身體疾病引起

是否長時間舔個不停？還是只有偶爾舔？
如果連續好幾個小時舔個不停，可能罹患慢性疾病

可能罹患的疾病

- 皮膚病（過敏性皮膚炎、膿皮症等）
- 骨折
- 骨折挫傷
- 內出血
- 韌帶障礙
- 骨膜炎
- 外傷（裂傷、刺傷、擦傷等）
- 化膿創傷
- 腦部障礙
- 心理疾病（分離憂鬱症、強迫神經症）

檢查一下，狗狗在舔的部位是否有刺或被玻璃碎片等異物，或是有割傷、擦傷、刺傷等。

罹患皮膚病，皮膚會發紅、潰爛，毛皮會變色。也會有搔癢的症狀，所以，狗狗會常用指甲去抓、用牙齒咬或在某樣東西上摩擦。

除了傷口或皮膚病等可從外觀發現的疾病外，當狗發生骨折、脫臼、跌打損傷、內出血、韌帶障礙等外科障礙，也會舔自己的前腿。當腳撞到硬物，包覆骨骼的骨膜受傷，引起骨膜炎，狗也會舔自己的

仔細檢查

前腿是否變形？
腳的內部可能有異常或腫脹

除了舔，是否用手抓、牙齒咬，或是在其他地方摩擦造成外傷？
確認是否有搔癢、麻痺

皮膚上是否有外傷？
割傷、刺傷、擦傷等外傷可能是狗狗舔前腿的原因

腳。

當心臟發生異常，前腿的血液循環不佳，導致麻痺時，也會舔腳。

因為大腦和脊髓的疾病導致神經障礙時，也會前腿麻痺，所以狗會舔前腿。胸部的腫瘤壓迫血管和神經，會導致前腿麻痺，狗會舔自己的前腿。

另外，也可能是心理問題。當狗狗和飼主分離，就會陷入不安，當飼主不在家，就會做出破壞的行為，這種精神疾病稱為分離憂鬱症，罹患這種疾病，會舔前腿。當承受精神壓力導致強迫性神經症，會連續好幾個小時一直舔自己的前腿。

吠叫、咬人，具有攻擊性

可能罹患的疾病

- 基於優勢性的攻擊性
- 基於恐懼的攻擊性
- 為了保護地盤的攻擊性

優勢性的攻擊

豎起尾巴、威嚇、展現攻擊性

狗會因為心理問題採取攻擊性行為，可以分為三類型，分別是基於優性的攻擊性、基於恐懼的攻擊性和為了保護地盤的攻擊性。

豎起耳朵和尾巴、發出低吼、想要咬人，是狗基於優勢性的攻擊特徵。這些行為常見於攻擊性較強的狗，但也可能是飼主太過寵愛，使狗想要成為飼主或家人的主人，才有這種攻擊性的行為。

在狗的情緒逐漸成熟的1～3歲左右，會逐漸出現類似的行為。雖然無法完全糾正，但可以接受獸醫或訓練師的指示，重新調教，讓狗了解，飼主才是主人。

當狗遇到比自己強的狗或陌生人，或是去陌生的地方，就會因為恐懼採取具有攻擊性的行為。這時，狗的耳朵會下垂，尾巴夾在兩腿間。當恐懼特別強烈，甚至會逃之夭夭。

出生後立刻離開母狗的狗，及從小不曾和其他人或狗接觸的狗，很容易出現這種症狀。治療時，可以在狗感到恐懼，拿牠喜歡的東西給牠，緩和牠的恐懼心，使狗產生愉快、快樂的感覺，逐漸消除恐懼心。

恐懼性的攻擊

將尾巴夾入後腿間，由於恐懼而變得具有攻擊性

對活動的物體吠叫是想要捕捉獵物的本能

狗的防衛本能很強，這種攻擊性也很常見。而且公狗的攻擊性比母狗更強。

有些狗看到汽車或車子等會動的東西，會突然變得具有攻擊性，拼命吠叫，做出具有威嚇性的行為。狗具有捕捉活動獵物的捕食本能，這種本能會使狗的行為變得有攻擊性。

狗也會對小孩做出這種攻擊性的行為，使小孩子受傷。

為了避免狗養成攻擊性，應該從幼犬開始，就讓牠多接觸小孩子，儘早適應。

當家裡有訪客或是貓入侵院子，狗為了保護自己的地盤，會激烈的吠叫，威嚇對方，這就是為了保護地盤而產生的攻擊性。當訪客辦完事回家，狗會認為是自己成功的將對方趕走，於是，攻擊性會更加強烈。嚴重時，只要有人走近，就會拼命吠叫。

模仿交配

狗騎在人的身上

這個動作和騎在其他狗身上的動作不同，是舉起前肢、飛撲而來的動作。

可能罹患的疾病

・展現優勢

狗會藉由交配的動作表現自己的優勢。位於後方的狗在地位上比較優勢，有時候，母狗也會做出這種動作。

狗也會對人做出模仿交配的動作。通常只是鬧著玩，也藉由這種動作表達對人的友好感情。但如果是為了向人宣示優勢而做出這種動作時，飼主就必須重新調教，讓狗了解，飼主的地位更優勢。

第2章

獸醫最前線

小動物的醫療環境有很大的進步。
本章將為各位介紹最新的醫療資訊。

獸醫分科的專業醫師

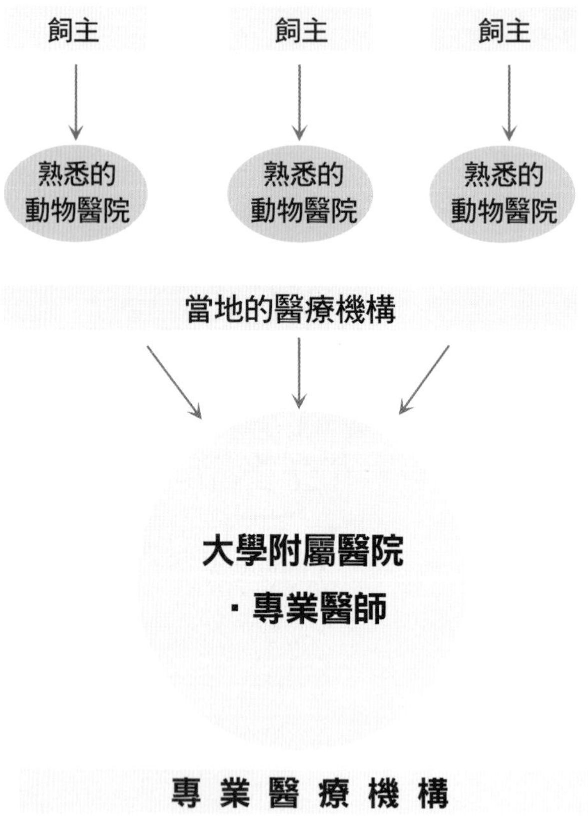

除了大學附屬醫院，很少有動物醫院細分為內科、外科、皮膚科或耳鼻喉科等的醫院。

獸醫學教育，要求每位獸醫師可以診療所有的科目。所以，在一般的動物醫院，一位獸醫就可以負責各科目的看診。

現在飼主希望動物醫院可以提供更高度的醫療技術，所以，需要更專業的醫師。因此，獸醫師公會將推動專業醫師的培養，並建立相應制度。

目前，擁有各種擅長領域的專業獸醫和其他動物醫院合作，形成相互支援的網路，提供上門診療和手術的服務。

骨骼的治療就交給外科專家

重點

- 充滿活力的生活
- 緩和疼痛的治療
- 手術的選擇

羅患股關節發育不全的疾病，以前都採用運動管理和體重限制的治療方法，隨著外科手術進步，目前，在各個階段都可以進行手術治療。

當飼主希望狗狗的生活充滿活力，避免狗狗忍痛過日子，或者希望發揮犬種特有的活潑個性，可以積極使用各種治療方法。

羅患股關節發育不全，可以實施三點骨盆骨切術（用於7～12個月的小狗。在骨盆的三個地方動手術，使髖骨臼旋轉後固定，預防股關節的脫臼）、股關節全置換術（去除一部分大腿骨和骨盆，裝人工關節）和大腿骨頭切除術（去除大腿骨頭），每一項手術都需要高精確的技術。

使用人工晶狀體治療白內障

重點

- 6 歲以下發病，屬於遺傳性眼科疾病
- 恢復正常視力

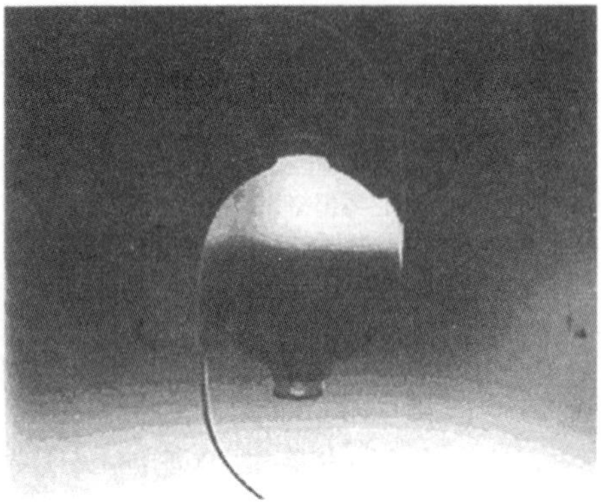

狗用的人工晶狀體

將晶狀體的內容物取出後，裝入人工晶狀體，加以固定

手術需要 1 小時左右。當狗揉眼時，可能已造成危險，需要住院一週

手術前，必須檢查白內障的程度、晶狀體的剖面像和混濁度。

老犬的晶狀體會逐漸混濁，最後失明，這就是白內障，有些是遺傳造成。

以前都使用藥物，延緩惡化的治療，當白內障惡化時，就需要使用手術摘除晶狀體。

近年的治療，手術取出晶狀體後，再用「人工晶狀體」代替。

取出晶狀體後，狗會變成高度遠視，但裝入人工晶狀體後，可以恢復正常視力。

裝置人工晶狀體，還要裝置支撐人工晶狀體的支持部，長約15毫米。

先將角膜切開，取出晶狀體的內容物，然後把人工晶狀體裝在包覆晶狀體的袋狀部分。

面對癌症

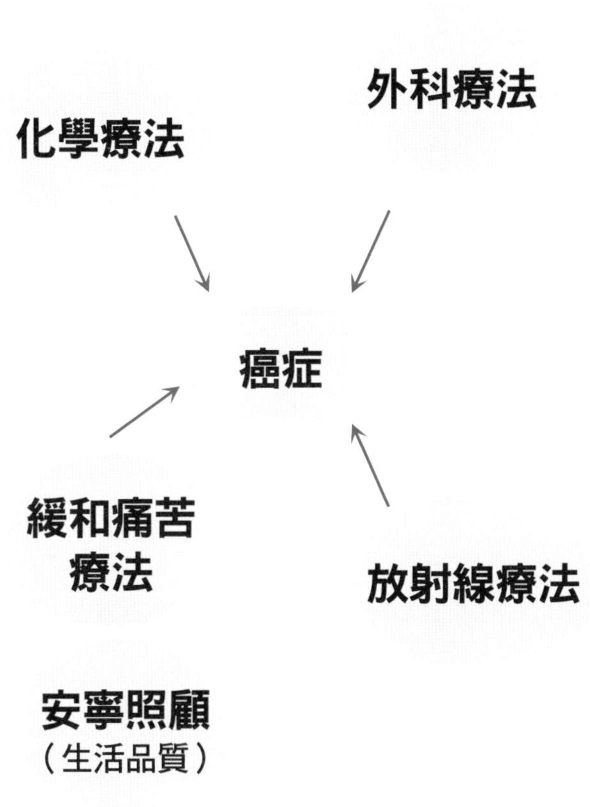

近年來，獸醫和飼主都積極治療狗狗的癌症。

在治療癌症，將癌症部分切除的外科療法、服用抗癌劑的化學療法為主，最近，用放射線照射癌症部位的放射線療法也逐漸增加。

罹患癌症，「疼痛」也是一個很大的問題。狗雖然不會開口說「痛」，卻會彎著身體，向飼主表達全身的疼痛。

可以藉由緩和痛苦療法（pain clinic）減輕疼痛。

最後，就是安寧照顧。可請教獸醫，了解狗狗還可以活多久，並設身處地的為狗狗著想，使牠可以幸福的度過臨終，也可以著重於消除疼痛，安詳度過為期不多的日子。

牙齒治療

重點

- 指導刷牙方法
- 去除牙結石
- 使用麻醉

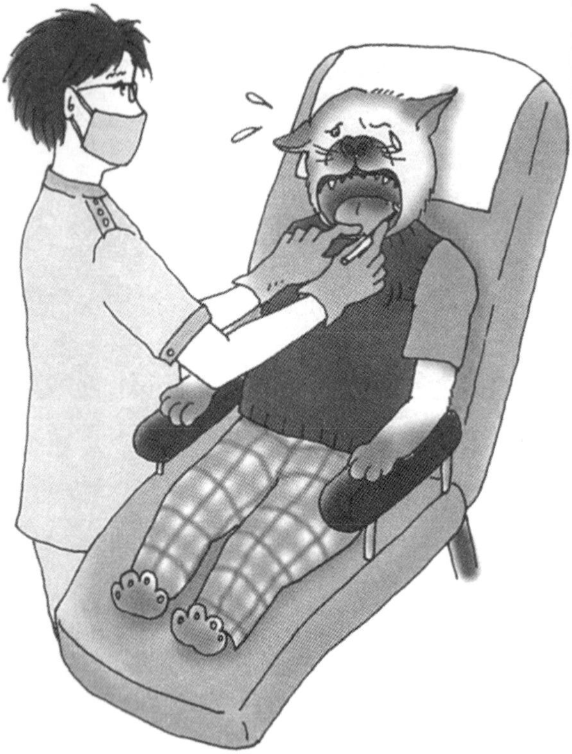

由於飲食生活的改變，罹患蛀牙和牙周病的狗快速增加。

口腔的疾病會影響全身，當細菌繁殖，炎症會擴散到鼻子和眼睛，也會對內臟造成負擔。

只要能預防口腔的疾病，就可以有效延長狗狗的壽命。

可以在動物醫院慢慢去除的牙結石，在注射麻醉劑後，將每顆牙齒上的牙結石去除乾淨。

罹患口腔疾病，可以在照X光後，逐一治療每一顆牙齒。必要時，可以拔牙，並用填充劑加強。

為了維持健康的牙齒，預防疾病，動物醫院會指導飼主正確的刷牙方法。

緩和疼痛治療

重點

- 疼痛是疾病
- 疼痛會引起併發症

疾病引起的疼痛會使病情更惡化，在接受治療或手術後，如果沒有解決疼痛問題，不僅會影響預後，還可能引發其他疾病。

目前，動物醫療的第一線，都認為「疼痛需要治療」。

這就是緩和疼痛治療（pain clinic），在服用止痛，持續進行治療。使用止痛藥的方法很多，有點滴、口服或注射等，可以根據狗的情況，使用不同方式。

當狗彎著身體、舔身體或是心神不寧的來回走動、不喜歡別人摸牠身體時，就是用身體表達疼痛。飼主和獸醫如果注意到這些訊號，可有效照顧狗狗身心。

進步的醫療儀器

先進的醫學儀器

X 光	CT	MRI
拍攝 X 光片使用的射線。可以穿透身體，了解腫瘤、骨折和炎症等疾病。	電腦斷層掃描裝置。用 X 光從各個不同的角度照射身體的剖面，並用電腦解析，合成剖面圖像。	核磁共振診斷裝置。利用來自外部的強大刺激或電波，使體內氫原子核擁有的較弱磁氣搖晃，將原子核的狀態映像化。可以從各個角度拍攝到身體切面的畫像。
鐳射	**超音波**	**內視鏡**
有手術用鐳射和治療用鐳射，手術用鐳射可以像手術刀般使用；治療用鐳射可以照射在患部，燒除病灶。	超音波回音檢查時，要先塗上專用凝膠，再發出超音波。在接受折回的超音波後，可完成體內的圖像。	在管子的前端裝上小型照相機，插入體內。觀察胃狀況的就是胃視機，觀察腸狀況的就是腸視鏡。

獸醫的醫療儀器一直在進步。最近，許多動物醫院都引進CT儀器。

CT和MRI都可以檢查全身，是最先進的斷層診斷方法。

但不是每家動物醫院都有這種最先進的儀器。

使用這些儀器，需要較高的費用、較長的時間，要先注射麻醉劑，然後長時間的觀察，而且也有相應的風險。

不妨去熟悉的動物醫院接受定期檢查，如果罹患重大疾病，再轉診到大學附屬獸醫院或擁有先進儀器的動物醫院。

第3章 適合的輔助療法

除了西醫的治療方法外，還有其他各種輔助治療法。
中醫、穴道、芳香療法和心理輔導等，
都是很受歡迎的治療方法。

更多選擇的替代治療

尋找適合狗狗的治療方法

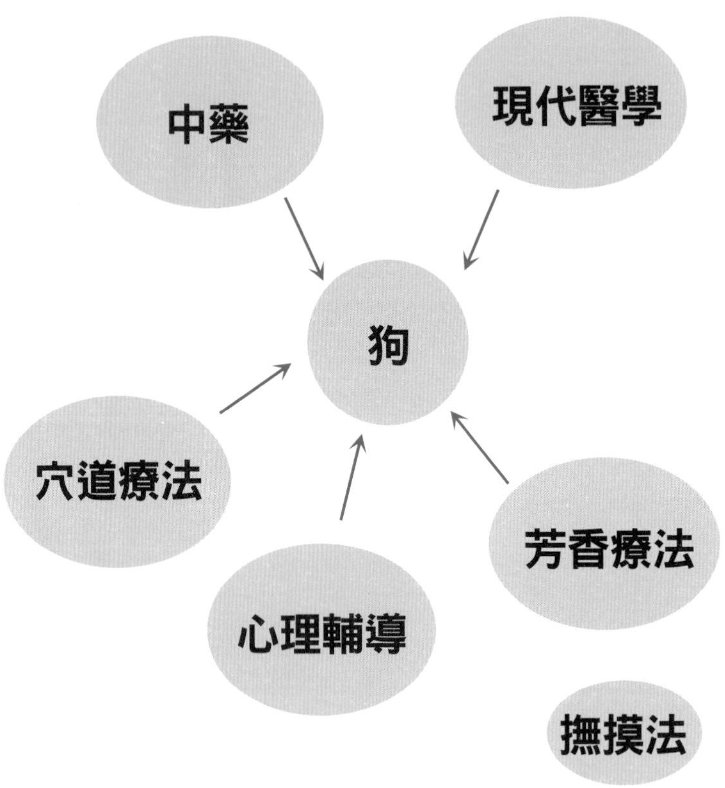

最近，狗狗的疾病治療前線，進步快速。隨著飼主對醫療技術的關心度增加、熱心學習相關知識，醫療的最前線出現各種各樣的變化。

狗狗接受治療前，不妨請教獸醫，有哪些治療方法，及各種治療方法的優、缺點，充分溝通後，再接受治療。

除了現代醫學外，還可以利用中醫治療、有助於維持健康，增加身體免疫力的穴道療法，及消除壓力的芳香療法或撫摸法，藉由行為進行心理輔導等方法中，選擇適合狗狗的治療方法。

治療時，不侷限於某一種方法，可以結合不同的治療方法。除了用於治療疾病，還可以預防疾病。

藥效溫和的中藥

中藥的功能

中藥 ▼ 狗 ▼ 身體協調 ▼ 調節自律神經 ▼ 活化身心 ◀ 改善體質和身體狀況 ▲ 加強自我治癒力 ▲ 沒有副作用

中國的古代醫學，已經開始使用中藥。中醫結合各種含有藥效成分的植物、動物或礦物等天然成分藥材，能有效安全的治療疾病。

中藥可以調節身體平衡，調整自律神經，改善體質和身體狀況，增加自我治癒力。

將藥材磨成粉狀後混合，稱為「散劑」；用蜂蜜等加入粉末中，製成丸狀，稱為「丸劑」；將藥效成分萃取後，蒸發水分，成為乾燥的精華，可以加工成錠劑、顆粒劑和膠囊。

顆粒和散劑常用於治療感冒、肺炎症狀，也可以改善消化器官疾病、消化器官衰弱、食慾不振等症狀，以及胃炎、消化器官的潰瘍等。

穴道療法維持健康

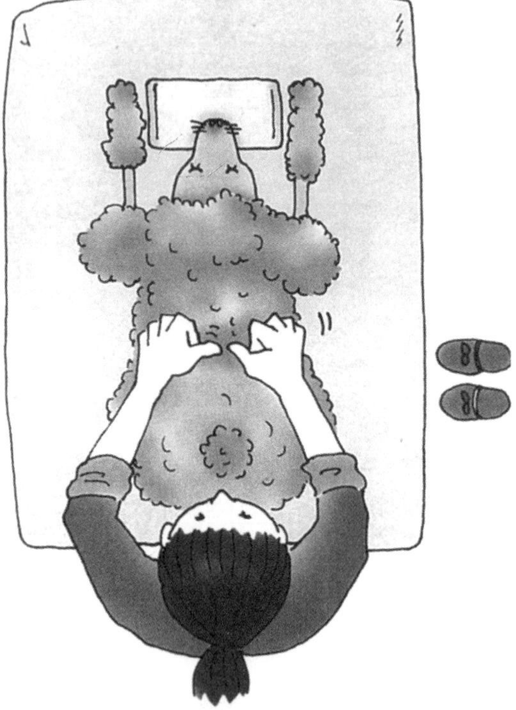

穴道療法是東方人熟悉的治療方法。狗的身上也有穴道，按壓穴道時，不僅可以增加身體的免疫力，也能增加抵抗力，還可以治療風濕病、腰椎和後腿的麻痺、椎間盤突起和疼痛等症狀。

重要的穴道是位於背部的大椎、懸和百會。用大拇指或食指按壓大椎，有助於狗狗放鬆，並改善風濕病和麻痺。按壓懸樞時，必須將雙手重疊，利用整個手掌按壓，有助於改善椎間盤突起和風濕病。百會要用指尖按壓，可改善風濕病和麻痺。

依次按壓這三個穴道，有助於預防疾病。可以在撫摸狗狗時，為牠按摩。

發生腸胃疾病或便秘時，可以刺激尾根的穴道。

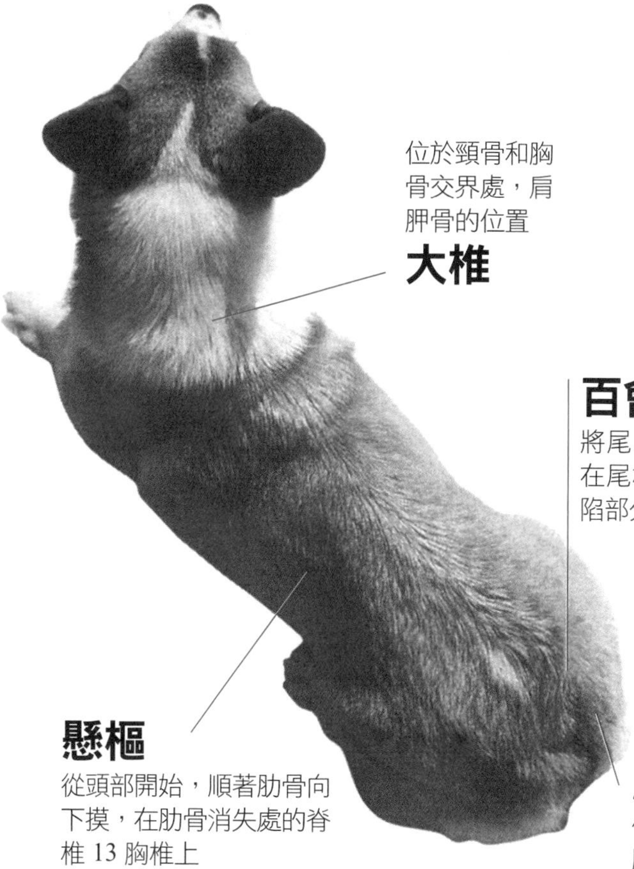
位於頸骨和胸
骨交界處，肩
胛骨的位置
大椎
百會
將尾巴拉起，
在尾根處的凹
陷部分
懸樞
從頭部開始，順著肋骨向
下摸，在肋骨消失處的脊
椎 13 胸椎上
尾根
位於尾根和
肛門的上方

近來，在治療椎間盤突起，常會使用穴道治療法，還有針灸的方法進行治療。

除了按摩穴道外，還有一種撫摸法的治療方法，就是溫柔的撫摸狗狗的身體，使牠的情緒穩定。

撫摸法原本是用於安撫馬的情緒，現在也運用在狗身上。

用手掌輕輕撫摸狗狗的身體，手掌要稍許用力，這樣手離開時，手上的溫度仍會留在皮膚上，慢慢的撫摸狗的脖頸、肩膀、耳朵、臉、腳等部位。

飼主要慢慢的用手掌傳達對狗狗的關愛。

按摩和撫摸都可以使狗狗放輕鬆，穩定情緒。

芳香療法能放鬆身心

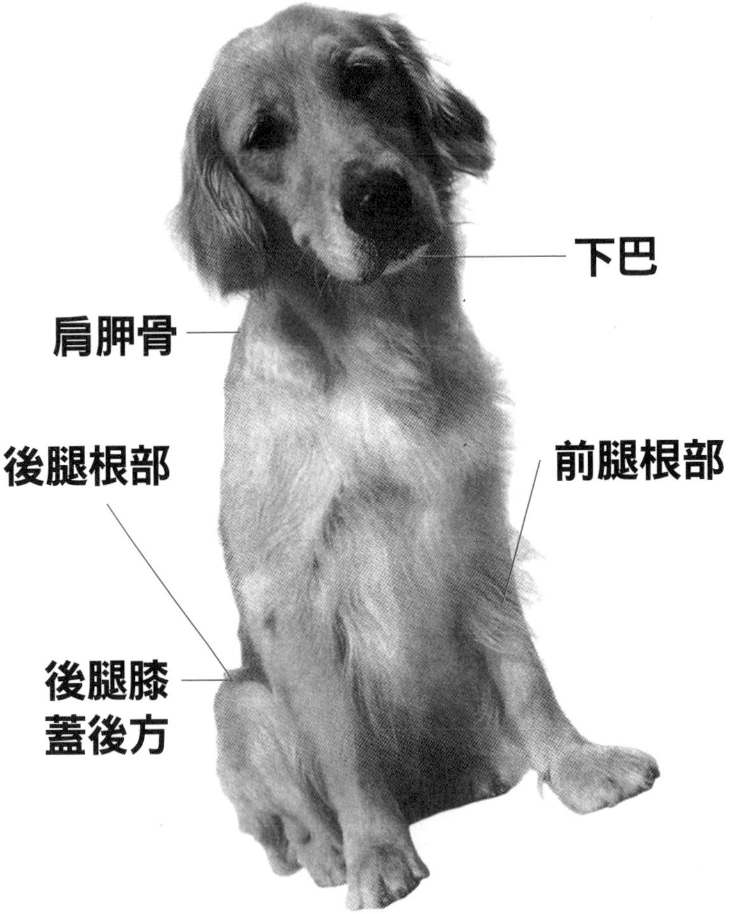

芳香療法是使用芳香精油按摩身體的治療方法。不僅具有放鬆效果，還有助於增加身體的免疫力。

將精油塗抹在手上，接著擦在狗狗的皮膚上，順著淋巴管按摩。淋巴管中的淋巴液有助於增加身體免疫力，避免狗狗受到細菌和病毒的感染。

可以從背按向臀部，再從腹部、頭部按向肩膀，從大腿根部按向腳尖，連腳底和指甲也要按摩。

芳香療法並非只有按摩，可使用市售的薰香器，使房間充滿香味。聞到這些香味，有助於使狗狗身心穩定。但狗的嗅覺很靈敏，所以要遵照專業人員的指示使用。

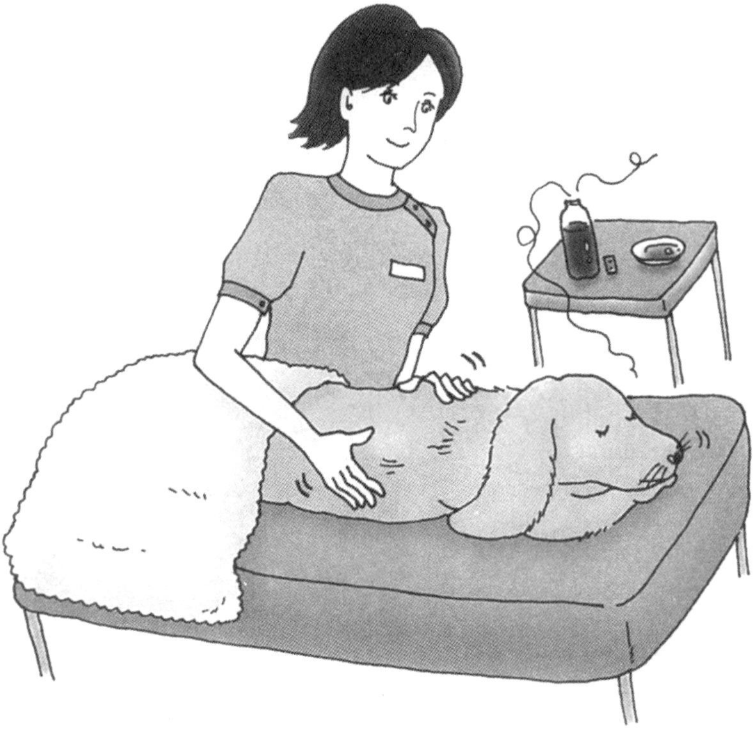

天竺葵 具有抗菌、鎮痛和鎮靜作用

洋甘菊 具有鎮痛、鎮靜、調節自律神經的作用

馬鬱蘭 有助於抗菌、鎮痛和鎮靜

薰衣草 可以鎮痛、鎮靜、調節自律神經、防蟲

茶樹 增加免疫力、預防感染症等

運用心理輔導解決問題行為

人可以藉著心理輔導，傾訴內心的煩惱和糾葛，使身心獲得安定。但狗不會說話，所以，飼主只能從狗的行為解讀牠的想法，進行心理輔導，運用在治療狗的問題行為上。

飼主必須仔細觀察狗狗的行為，了解牠在怎樣的情況會採取怎樣的行為，並將這些情況連同飼主的家庭結構、狗狗的性格等詳細資料告訴獸醫。

獸醫根據獲得的資訊分析狗的行為，尋找解決方案，然後指導飼主該如何改善狗狗環境，以及飼主與狗狗的相處方法等。有時也會同時使用對大腦產生作用的藥物。

治療狗狗的問題行為，由飼主作為「媒介」的心理輔導，發揮極大作用。

第4章

幼犬和老犬容易罹患的疾病

為了使小狗身心健康成長，
也為了使老犬度過舒適的晚年，
必須了解小狗和老犬容易罹患的疾病，加以預防。

幼犬篇

根據幼犬成長檢查健康狀態

第1週

出生 10 天以前，狗的眼睛完全看不到，必須靠嗅覺吸母狗的奶。

第2週

會在母狗身邊走路，已經可以看到、聽到周圍情況。

第3週

會和兄弟姊妹一起嬉戲，每天的生活只有吃、玩、睡覺這三件事。

第4週

社會性逐漸發達，開始有喜怒、哀、樂、競爭、共存和協調性等感情。

出生後大約1年左右，小狗就成長為成犬。身體和心智同時成長，是狗一生中最重要的1年。這個時期的健康管理將決定狗的一生。因此，必須在觀察狗狗成長的同時，隨時檢查牠的健康狀態。

成為成犬前，幼犬的骨骼很脆弱，做激烈的運動或困難的姿勢，很容易造成骨折或影響發育。

幼犬比成犬的免疫力低，為了避免病毒和細菌等病菌侵襲幼犬，必須接受預防注射，並保持環境清潔。

2個月

接受第 1 次預防注射，開始進行上廁所的訓練。

3個月

接受第 2 次預防注射，積極帶狗狗外出，滿足狗狗的好奇心。

6個月

身體一天一天的長大，餵飼料的量必須配合身體成長的速度。

7個月

有些狗狗會迎接第一次發情期。每天吃飼料的次數要減少，每次的攝取量要增加。

12個月

長成成犬的身體，改餵成犬用的飼料。在第 1 次預防注射的 1 年後，再度接受預防注射，不要忘記接受狂犬病疫苗的注射。

不同犬種，成為成犬的時期也不同

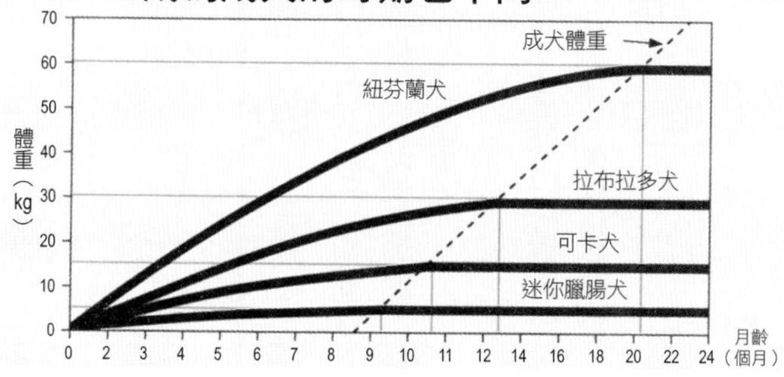

可以從幼犬吃飼料、運動、排尿和排便中了解牠的健康狀況。除了寵愛，更要為狗狗一輩子的健康打好基礎。

幼犬篇

預防有助於維持幼犬的健康

根據狗狗的成長狀況，增加免疫力

在母狗的胎內 | 出生 | 小狗出生滿 4 週

母狗的免疫

從初乳獲得免疫力

小狗出生，母狗3天內分泌的母乳稱為初乳，初乳含有免疫物質，有助於保護剛出生幼犬的身體健康。

這段期間，小狗每天喝母狗的初乳，就可以對抗傳染病，初乳裡的營養稱為「移行抗體免疫」。

在出生後50～60天左右，這種免疫逐漸減少、消失狗狗就會失去免疫力，一旦感染病菌，會立刻發病。為了避免這種情況發生，需要接受預防注射。

每隻小狗的移行抗體消失的時期都不同，若小狗體內還

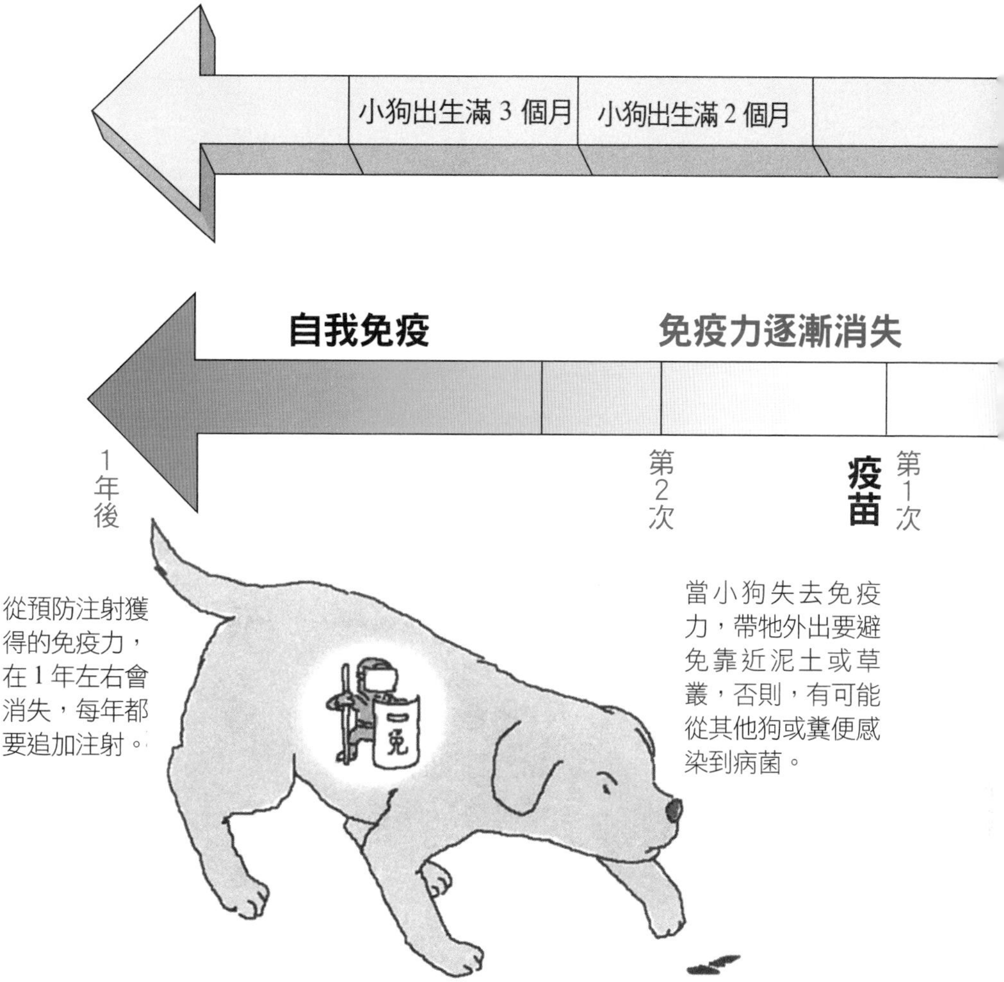
小狗出生滿 3 個月
小狗出生滿 2 個月
自我免疫
免疫力逐漸消失
1年後
第2次
疫苗
第1次
從預防注射獲得的免疫力，在1年左右會消失，每年都要追加注射。
當小狗失去免疫力，帶牠外出要避免靠近泥土或草叢，否則，有可能從其他狗或糞便感染到病菌。

有移行抗體，再接受預防注射，免疫就會視疫苗為敵，努力排出體外。

為了防止這情況發生，在小狗出生第3個月，就要接受第2次預防注射。

可以先和獸醫商量，在適當時機接受預防注射。

小狗接受預防注射，可以避免受到各種病原菌的感染。尤其有些疾病只能靠疫苗預防，所以要確實做好預防注射。

疫苗的效果只能持續1年，因此，在第二次接受預防注射的1年後，如果不再進行第2次預防注射。之後，每年一定要追加1次預防注射。

疫苗的種類

疫苗 八合一	疫苗 七合一	疫苗 五合一
犬瘟熱	犬瘟熱	犬瘟熱
傳染性支氣管炎	傳染性支氣管炎	傳染性支氣管炎
傳染性肝炎	傳染性肝炎	傳染性肝炎
副流行性感冒（犬舍咳）	副流行性感冒（犬舍咳）	副流行性感冒（犬舍咳）
犬小病毒感染症	犬小病毒感染症	犬小病毒感染症
鉤端螺旋體病（感冒型）	鉤端螺旋體病（感冒型）	
鉤端螺旋體病（出血型黃疸）	鉤端螺旋體病（出血型黃疸）	
冠狀病毒腸炎		

疫苗有很多不同的種類，因為混合對抗各種病原體的疫苗，因此稱為「混合疫苗」。

由於狗的體質和生活環境不同，需要的疫苗也不相同，所以必須和熟悉的動物醫院商量後進行注射。

除了預防注射，還需要服用預防心絲蟲症的藥。帶原心絲蟲症是一種心絲蟲的寄生蟲，寄生在狗的心臟內的疾病，被帶原蚊子叮咬，就會受到感染。當寄生蟲的數目增加時，就會引起心臟病，甚至死亡。

每個月定時服用預防藥，被蚊子叮咬，也不會受到感染。

心絲蟲的預防藥和注射疫苗一樣，是重要的預防方法。

幼犬充滿好奇心，請小心預防

除了疾病外，家中發生的意外也會危害幼犬的健康。

幼犬的好奇心十分旺盛，常把電器的電線當作玩具咬在嘴裡，引起觸電意外。因此，室內的電線要用套子套住，插頭也要做好保護工作。

幼犬喜歡把東西放在嘴裡，所以，絕不能將禁止食用的東西（洋蔥、巧克力、辛香料等）放在地上。當幼犬誤吞藥丸、殺蟲劑、芳香劑、剪刀或刀片等也很危險，因此一定要收到幼犬找不到的地方。

接受預防狂犬病疫苗的注射

疫苗的注射中，只有狂犬病的疫苗是法律規定必須注射。在出生滿 91 天後，必須接受狂犬病的預防注射，並要向政府登錄「我養了一隻狗」的訊息（此為日本情形）。

目前，台灣並沒有狂犬病，但由於有許多動物來自國外，所以無法斷定絕對不會發生狂犬病。除了狗以外，浣熊和蝙蝠等哺乳動物也會傳染狂犬病的病毒。

人類也會感染狂犬病，一旦發病，會在幾天內死亡，因此一定要讓狗狗接受預防注射。

幼犬篇

幼犬容易罹患的疾病

感染症

犬瘟熱	由鼻子或口腔感染犬熱病毒。病毒會擴散到全身，侵害內臟器官，進一步惡化時，會侵蝕神經系統，引起障礙。
犬舍咳	受到病毒、細菌和微生物的感染，出現咳嗽或發燒症狀。缺乏抵抗力時，病情會惡化，出現高燒、食慾不振和帶膿的鼻水。
犬小病毒感染症	受到犬小病毒的感染引發的症狀。入侵腸子時，會引發嚴重的腸炎；入侵心臟時，會導致呼吸困難，甚至危及生命。
冠狀病毒腸炎	冠狀病毒進入體內，會在小腸內繁殖引起腸炎。有時候也會併發犬小病毒感染症，症狀會極度惡化。

幼犬的免疫力比成犬弱，如果在幼犬時期受到病原菌的感染，容易發病及惡化。

因此一定要接受預防注射，同時，避免帶幼犬去眾多狗聚集的地方，更要避免和陌生的貓、狗接觸。狗狗隨便亂舔地上的糞便和尿尿時，也會感染到病原菌。在具備免疫力以前，要避免靠近泥土或草叢。

還要保持幼犬的床鋪、廁所和餐具的清潔，避免病原菌繁殖。

要注意幼犬的異常狀況！

檢查 2
糞便是否和
平時不同？
檢查 1
是否有咳嗽？
●只要有其中一項症狀，
就要立刻去動物醫院
檢查 4
食慾是否正常？
檢查 3
是否流鼻水？

發燒是感染症的訊號

罹患感染症時，幼犬幾乎都會發燒。當幼犬有咳嗽、精神不好、缺乏食慾，要立刻為牠量體溫。一旦發燒，要立刻去動物醫院就醫。

早期發現感染症可以避免生命危險，若感覺狗狗有異常狀況，要立刻量體溫。

寄生蟲病

蛔蟲症	幼犬吃下蛔蟲的卵，或是在母狗懷孕時，從胎盤中感染到蛔蟲，病情會變得比較嚴重，會導致營養不良，影響發育。
鉤蟲症	接觸泥土中的鉤蟲幼蟲後，經由口腔或皮膚感染。會附著在腸壁上，吸取血液，當大量寄生時，會引起貧血。
毛囊蟲症	毛囊蟲寄生時，引起皮膚發紅、潰爛。當免疫力衰退時，會大量繁殖，引起皮膚炎，出現搔癢、化膿的症狀。

其他的疾病

低血糖	若幼犬感受強大的壓力，會出現渾身無力、腹瀉症狀，這是壓力性低血糖。
急性腸胃炎	餵過量飼料或吃過量，會引起胃炎、嘔吐。
股關節發育不全	股關節發育不全就是，大腿骨的骨頭無法順利陷入骨盆關節窩的部分，常見於成長期的幼犬。
不明原因股骨缺血性壞死病	導致股關節無法正常活動，會拖著後腿走路，通常會在出生 4～12 個月時出現症狀。

吐出蟲子，要立刻去動物醫院！

寄生蟲病對成犬不會造成太大影響，但對幼犬的影響十分嚴重。如果寄生蟲數量很多，甚至會從嘴裡吐出來。當發現嘔吐物中有寄生蟲，要特別小心。寄生蟲可能危及幼犬的生命，所以要將吐出來的蟲帶去動物醫院檢查。

檢查母狗的健康狀態

幼犬的疾病常和遺傳因素有很大的關係。當幼犬父母其一有股關節發育不全時，幼犬的發病機率很高。當母狗有寄生蟲病，很可能藉由胎盤傳染給幼犬。

選擇幼犬，除了要了解幼犬的健康，還要了解母狗的健康狀態和疾病史。

老犬篇

建造適合老犬生活的環境

老化的跡象

●**吃飼料量減少**
由於腸胃功能變差，吃的東西會比以前少。牙齒無法順利將飼料咬碎，食物碎屑會殘留在嘴裡，嘴裡會發出異味。

●**視力變差**
視力逐漸衰退，很容易撞到傢俱或是漏接以前可以接到的球。

●**毛色變淡**
由於營養無法到達毛皮，所以毛色會變淡，鬍鬚或頭頂下也會出現白毛。

●**不喜歡動**
整天都躺著不動，也懶得起來排尿或排便，經常隨地大小便。

●**腰腿變軟**
不喜歡爬樓梯，走路時搖搖晃晃，也不喜歡去散步。

狗從七、八歲開始，身體逐漸衰弱，這是老化的跡象。當身體機能衰退，免疫力也會減退，容易罹患疾病。除此以外，也不喜歡運動，飼料量減少、毛色變差，這都是各種老化症狀。

一旦發現這些症狀，就要重新調整居家環境。室內儘量不要有落差，改用老犬用的飼料，並注意防寒消暑。

尤其在飼料的挑選，要避免對腸胃造成負擔。

老犬吃的飼料顆粒較小，脂肪較低，容易消化吸收，在成犬用的飼料中慢慢混以老犬

預防疾病的 11個對策

1. 用水或溫水加入飼料中，使飼料變軟
2. 散步時，放慢速度
3. 注意溫度變化
4. 不要勉強老犬外出
5. 有時間多和牠說說話
6. 室內要避免有落差
7. 在地板和樓梯裝上防滑墊
8. 按時服藥
9. 不要隨便將東西放在地上
10. 定期去醫院檢查
11. 一定要檢查有無跳蚤、蝨子

用飼料，逐漸替換。

為了使老犬可以活得更久，必須比以前更注意健康管理。

除了定期健康檢查，也要定期測量體重、體溫，檢查糞便、尿液、眼睛、牙齒和毛皮的狀態。

外出時，也要檢查跳蚤、蝨子，並確實接受預防注射，服用預防心絲蟲症的藥物。

老犬篇

老犬容易罹患的疾病

腫瘤（癌）	隨著年齡的增加，身體容易發生腫瘤。每個月要檢查身體一次，了解身體是否有硬塊。
糖尿病	胰臟的功能變差，胰島素的分泌量會減少，使血糖值上升。控制並有規律的飲食，避免肥胖。
心臟病	容易罹患心肌症和二尖瓣閉鎖不全症。要避免激烈運動，減少鹽分攝取，以免對心臟造成負擔。
慢性腎炎	當腎臟功能衰退，很容易發生炎症。要定期接受尿液檢查，了解腎臟功能。
白內障	隨著年齡增加，眼睛的晶狀體容易混濁，導致視力衰退，就是白內障。當發現狗狗走路蹣跚，或經常撞到東西，就必須要檢查眼睛的狀況。

隨著年齡增加，老犬身體的抵抗力會逐漸衰退。為了避免疾病發生，要做好預防工作，即使罹患疾病，只要能早期發現，就可以避免進一步惡化。

白內障是眼睛老化引起的疾病，雖然無法徹底預防，但可以接受治療，延緩惡化，或是裝設人工晶狀體等。

為了避免內臟衰弱引起的糖尿病、心臟病和腎臟病等疾病，平時必須規律的餵食，並維持充足的睡眠，避免壓力，預防發病，日常生活必須配合身體機能的衰退加以調整。

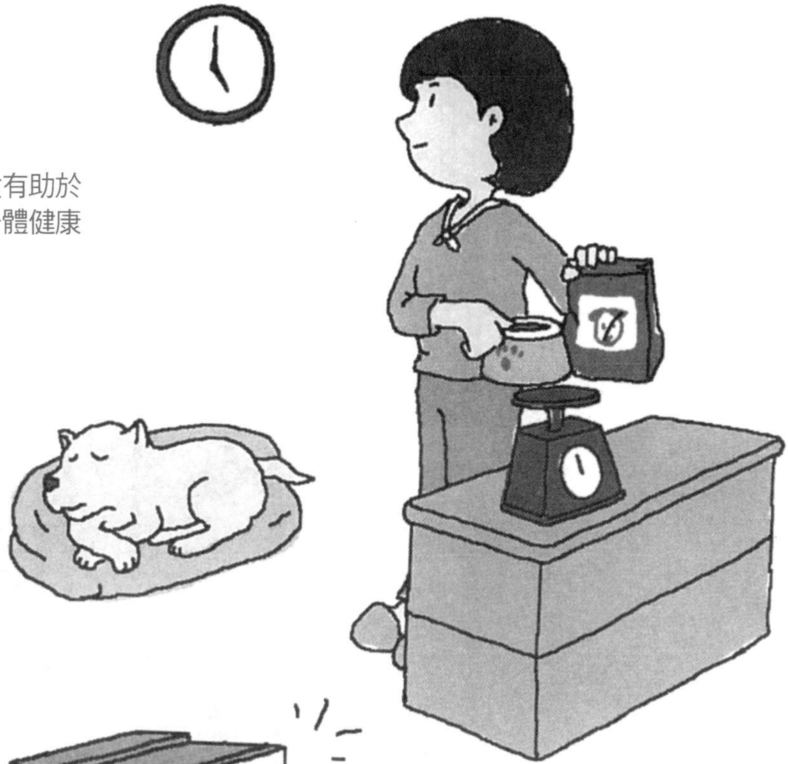

規律的飲食有助於
維持老犬身體健康

若狗罹患白內障，很容易撞到傢
俱，在狗的行動範圍內，儘可能
少放東西

老犬篇

當老犬無法動彈時，必須充分照顧

●隨時保持狗窩清潔

當墊子或毛巾變髒，容易繁殖跳蚤、蝨子和細菌。要經常清洗，保持清潔。

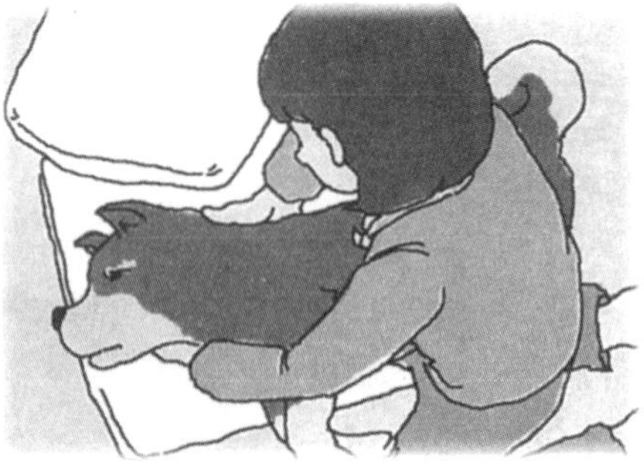

●預防褥瘡

當老犬身體活動不便時，幾乎整天要躺在床上，很容易長褥瘡，每隔幾小時，就要幫牠翻身。

年紀增加後，狗狗在室內的時間也會變長，由於老化和疾病的關係，會使老犬無法自由活動，所以飼主就必須好好照顧老犬。

老犬會經常躺在「床」上，為了避免細菌繁殖，必須隨時清潔狗窩。天氣晴朗，可以把墊子或毛巾拿出去曬，進行消毒的工作。

排尿、排便後，要擦去肛門和陰部的污垢。吃完飼料後，要為牠刷牙。

如果老犬在室內隨地大小便，可以使用市售的老犬專用尿布。

●擦身體

身體罹患疾病時，會發出異味，用毛巾沾溫水後，擦拭臉、肛門、陰部、嘴巴周圍和腳等部位。

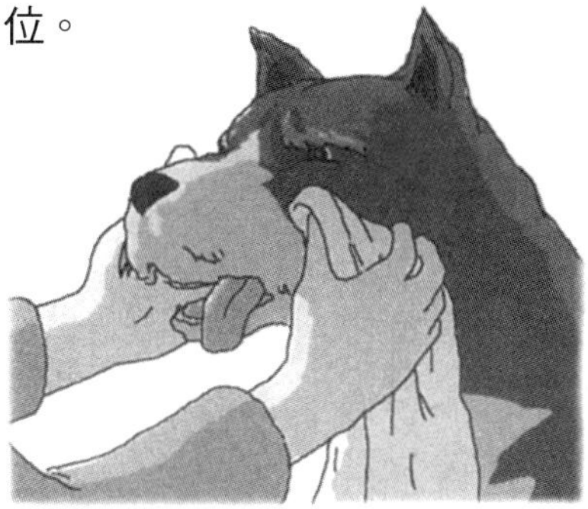

●日光浴

由於無法外出散步，可以讓牠在室內照得到太陽的地方曬日光浴。

●餵食

當身體衰弱，連吃飼料也會覺得很累，可以用湯匙慢慢餵牠吃。

●包尿布

經常隨地大小便，可以使用尿布，市面上有專為老犬設計的尿布。

當老犬無法順利吃飼料時，不妨加點水，使飼料變柔軟，或是用湯匙壓碎，慢慢餵牠吃。如果無法一次吃完，可以分幾次餵牠吃。

除了照顧老犬的身體健康，也要注意牠的心理。當老犬無法自由活動時，會覺得不安和困惑，也會感到害怕。如果有時間，不妨多陪牠說話，使牠安心。

即使老犬不小心打翻飼料或在室內隨地大小便，也不要斥責牠。無論牠做什麼，都要學會包容。

若讓老犬獨自在家，可以放一塊帶有飼主味道的毛巾，或是放音樂、電視，避免老犬感到寂寞。

目送老犬臨終

當老犬罹患疾病，必須面對許多問題。例如罹患惡性腫瘤，必須決定是否接受切除腫瘤的手術。

對身體衰弱的老犬來說，手術會造成很大的負擔。一旦罹患疾病，要向獸醫確認以下事項，正確了解狗狗的狀態：

- 狗狗會感受到怎樣的痛苦？
- 如果不動手術，還可以活多久？
- 需要怎樣的照顧？
- 要花多少住院費、醫藥費和照顧費？

先確認這些事項，再思考可以為狗狗做什麼，才是對牠最好的。

安樂死也是一種選擇，但不同的人會有不同的看法，無法簡單的決定「好與壞」。可以選擇讓狗狗承受痛苦與疾病對抗，努力活下去；也可以結束生命，讓狗狗從痛苦中獲得解放。不妨先和獸醫溝通後，再慎重考慮如何做出選擇。

克服失去狗狗的悲傷「喪失寵物症候群」

當狗狗離開人世、失蹤或送人，飼主很可能會整天無精打采，內心感到悲傷和憤怒，情緒也容易不穩定。

像這樣，人和狗狗分離，飼主在精神上受到很大打擊的現象，稱為「喪失寵物症候群」。

人和狗狗分離導致精神上受到創傷，會心想「我幹嘛那麼難過，真是愚蠢」而自我否定，或「我應該要這麼做才對」而拚命自責，這些都是深陷「喪失寵物症候群」的表現。

為了走出悲傷，你首先必須接受陷入悲傷的自己。失去最愛的狗狗，任何人都會難過，不妨坦率的表現這份悲傷，或向他人傾訴。

也可藉由葬禮、供奉或整理照片等，確認狗狗已經離開人世，如此，就可以使自己的心情逐漸平靜。

如果你認為和狗狗相處的日子很幸福，狗狗也會覺得這段日子很幸福。

狗和人共同生活，而且認為自己很幸福，對牠而言，不也是過了幸福的一生嗎？

第5章

預防注射可以預防的疾病

預防疾病是維持健康的第一步。
預防注射可使狗狗遠離疾病。

預防注射可以預防的疾病

接受預防注射，預防可怕的感染疾病。

狂犬病

原因●罹患狂犬病，動物唾液中的狂犬病病毒，會從咬傷的傷口處入侵，造成感染。

這種病毒是人畜共通的病毒感染症，會感染所有的哺乳類動物。

症狀●當狂犬病病毒進入體內後，首先會侵蝕中樞神經。潛伏期間為2～6週，稱為前驅期，這時狗狗會出現食慾不振，或躲在暗處等異常行為。

這種疾病可以分為狂躁型與麻痺型二種。發病的狗中，有80～85%都是狂躁型，會不停的流口水，變得十分凶暴，持續興奮狀態至死。

麻痺型是在發病初期，會出現肌肉麻痺的狀態，從無法站立到陷入昏睡，進而死亡。

治療●狗在罹患狂犬病後，會變得十分凶暴，很可能咬住人不放，非常危險。

目前，仍然無法治療狂犬病。一旦感染狂犬病，原則上都會讓狗安樂死。

預防●可以注射疫苗預防狂犬病。根據台灣動物保護法的規定，每年都要接受一次狂犬病的疫苗注射。世界上許多國家仍然有狂犬病，所以，從這些國家進口的哺乳類動物很可能成為感染源。

國外的狂犬病

目前，除了台灣和英國以外的國家，仍有狗感染的狂犬病，所以出國時，儘量不要靠近野狗。

萬一被野狗咬傷時，一定要立刻去醫院接受檢查。

時下流行養寵物，寵物店內有許多從國外進口的寵物。所有的哺乳類動物都會感染狂犬病病毒，不小心被浣熊、猴子咬到也會受到感染，必須特別警惕。

在英國，曾有一位女性被從歐亞大陸飛來的蝙蝠咬了之後，感染狂犬病的案例。

容易罹患的時期●經常。

犬瘟熱

原因●由犬瘟熱病毒引起的感染症。

受到感染的狗身上的病毒會從其他狗的口、鼻入侵，感染途徑有三種。

首先是飛沫感染。呼吸會一併吸入感染犬瘟熱的狗在打噴嚏時散發的飛沫，造成感染。

間接感染則是，其他狗使用感染犬瘟熱的狗使用的刷子、餐具、床和玩具時，就會受到感染。

直接感染，就是其他的狗直接接觸受到感染的狗的鼻子或嘴巴，進而受到感染。

症狀●感染犬瘟熱病毒，4～6天左右，會出現初期症狀。

最初會有發燒、食慾不振及渾身無力等輕度症狀，由於和感冒症狀十分相似，很容易被忽略。

在初期的1次感染期，會暫時退燒。經過1～6週，再度出現發燒症狀，進入2次感染期。

當2次感染期的症狀惡化，除了呼吸器官、消化器官、泌尿器官和皮膚會出現症狀，還會出現痙攣、動作異常和身體麻痺等神經方面的症狀。

感染犬瘟熱的狗有20～25％會出現神經症狀，會有興奮、癲癇或在相同的地方不停打轉的行為。

此外，頭部、頸部和四肢會出現僵硬，身體的局部會發生痙攣、抽動症狀。

犬瘟熱的傳染力很強，死亡率也很高，是危及生命的可怕疾病。

治療●一旦感染犬瘟熱就必須住進動物醫院治療。

治療以對症療法為中心。使用對2次感染有效的抗菌劑或抗生素、副腎皮質荷爾蒙劑（類固醇），並根據實際症狀使用利尿劑、腸劑和維他命劑。

當出現痙攣和麻痺等神經症狀，使用抗癲癇藥、腦代謝活化劑等藥物。

出院後，要注意保暖和休息，餵以充分的營養，避免體力消耗。

預防●接受混和疫苗的注射，對預防犬瘟熱十分有效，故每年都要接受一次預防注射。

若家中飼養好幾隻狗，只要其中有一隻受到感染，一定要隔離，避免其他狗也受到感染。

感染犬瘟熱的狗使用過的物品也要丟棄。

容易罹患的時期●出生後未滿1歲的幼犬、老犬。

犬舍咳

原因●感染的狗的咳嗽、噴嚏會造成傳染。病毒、細菌和微生物（支原菌屬等），這些感染源會單獨或混合後造成感染發病，主要有副流行性感冒病毒和犬腺病毒。

症狀●犬舍咳在許多狗一起生活的寵物店或養育場中常見，以咳嗽為主要症狀的疾病。

剛開始會出現沒有痰的乾咳，在興奮時或運動後，以及氣溫急速變化時，會突然發作，用力猛咳，喉嚨好像被什麼東西卡住了。用手按壓脖頸前側的喉根時，咳嗽會更加劇烈。

除了咳嗽，還會出現發燒症狀，但溫度不會太高。由於食慾正常，精神也很好，所以不容易發現狗狗生病，尤其幼犬的活動力很強，更不容易發現。

症狀嚴重，還會出現高燒、流鼻涕、食慾衰退，進而引起肺炎。

治療●如果是支原菌屬或細菌致病，要使用抗生素，但不是口服或注射，而是要用噴霧器的吸入器，在抗生素中混入支氣管擴張劑，使患病的狗吸入，就可以同時緩和咳嗽症狀。

若咳嗽嚴重，會使用止咳劑。

如果是病毒引起犬舍咳，抗生素就無法發揮效果，必須使用可以抑制咳嗽症狀的藥物。

預防●每年接受1～2次混合疫苗（有犬瘟熱、犬腺病毒2型、副流行性感冒病毒、犬小病毒、鉤端螺旋體等三合一疫苗、五合一疫苗或七合一疫苗），預防效果佳。

在眾多狗聚集的地方容易受到感染，當身體狀況不佳，要避免參加比賽等聚會，也是預防之道。

容易罹患的時期●抵抗力差的幼犬、老犬。

犬舍咳的原因

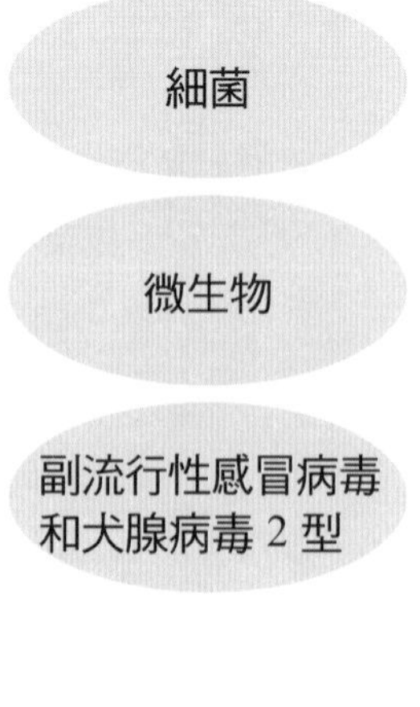

犬小病毒感染症

原因●犬小病毒經由狗的鼻子或口腔入侵，導致發病。當接觸感染該病毒狗的糞便、嘔吐物，以及被病毒污染的餐具，也會受到感染。

人若接觸受到感染的狗，也會成為傳播途徑。

犬小病毒容易寄生在動物體內細胞分裂旺盛的部位。罹患的幾乎都是幼犬，因為幼犬的心肌和腸道容易受到感染。

症狀●根據受到犬小病毒感染的部位，分為心肌型和腸炎型。

感染心肌型，前一刻還精神百倍的幼犬會突然發出哀叫、嘔吐或心律不整，而且幾乎都會發生呼吸困難，在30分鐘以內死亡。

腸炎型的特徵是會出現各種症狀，比較容易發現。

首先會劇烈嘔吐，經1小時～數小時，會出現嚴重腹瀉。

最初糞便為灰白色或灰黃色，逐漸變成黏稠的黏液便。嚴重會混有血液，出現像番茄醬般的紅色糞便，而且發出惡臭。

當持續這種腹瀉或嘔吐，體內的水分會流失，出現脫水症狀，全身衰弱，危及生命。

治療●為了避免感染到其他的狗，必須隔離住院，接受治療。由於目前缺乏有效的治療藥物，所以主要針對恢復體力加以治療，首先藉由打點滴和吸入氧氣，緩和脫水症狀。

為了避免體力衰退，受到細菌的二度感染，有時候也會使用抗生素。

為了改善腸的狀況，會使用整腸劑，在治療期間不可進食。

接受3～4天治療，如果症狀沒有進一步惡化，約一週後就可痊癒。

飼主可以在藥局購買次氯酸鈉溶液，稀釋30倍後使用，消毒狗屋、墊子和餐具等狗曾經接觸過的所有東西。

預防●注射疫苗十分有效。從幼犬時開始，每年都要注射一次，但感染症是否流行和缺乏免疫的幼犬的注射時期和次數不同，可以向熟悉的獸醫請教。

容易罹患的時期●心肌型常見於3～9週的幼犬，腸炎型常見於斷奶期以後的幼犬。

鉤端螺旋體症

原因●受到感染的老鼠尿中的鉤端螺旋體菌是最大的感染源，如果舔到受感染的狗的尿液，或是喝到受污染的水，也會導致感染。

牛和豬的尿液是感染源，人類也會受到感染，是人畜共通的感染症。

症狀●分為出血型和黃疸型二種。在罹患出血型時，會出現腎炎、出血性腸胃炎和口腔炎等症狀。若進一步惡化，會發生尿毒症，即使恢復後，也容易發展為慢性腎炎。

罹患黃疸型鉤端螺旋體症，會發高燒，口腔黏膜和舌頭會有充血和出血症狀唾液增加呼出的氣也會有尿臭味。尿液會變成深黃色，症狀惡化，會出現尿毒症。

感染的狗有70％會出現黃疸症

狀。

治療●由於是細菌引起的感染，要使用抗生素。

預防●注射具預防作用的混合疫苗。

容易罹患的時期●經常。

犬傳染性肝炎

原因●感染了犬腺病毒1型，即使已經恢復，病毒仍然留在體內，當碰到這些狗的尿液、唾液和受到污染的餐具或其他東西，狗會經由口腔感染，這是只有犬科動物才會感染的病毒性肝炎。

從口腔進入的病毒，會從口腔咽喉部的黏膜進入淋巴結，隨著血液循環，運送至全身。

病毒的傳染力很強，即使恢復，仍然會在腎臟中殘留半年，才隨尿液排出。

症狀●罹患突發型的傳染性犬肝炎時，狗會突然腹痛、發高燒、渾身無力。甚至會吐血、排血便，在半天至一天內死亡。

隱性型是只有少許食慾衰退、精神不佳的症狀。輕症型時，會流鼻水，發燒至39.5～40度左右。

重症型則是在經過2～8天的潛伏期，就會渾身無力，鼻水、眼淚不止，並持續4～6天出現發40～41度的高燒。

之後會食慾不振，還有腹瀉、嘔吐、扁桃腺腫大、口腔黏膜充血，以及眼瞼、頭、脖勁和全身的浮腫。

這時，狗狗不喜歡別人摸或按壓牠肝臟的部位（胸部和腹部中間）。持續4～7天症狀，就會迅速恢復。

治療●由於缺乏有效對抗病毒的藥物，因此，以促進肝臟再生和機能恢復的治療為主。

為了避免體力衰退，受到細菌的2次感染，必須使用抗生素治療。使用維他命劑和強肝劑可以使肝臟攝取充分的營養，如果有出血或貧血症狀，就要輸血。

同時，要使狗充分休息，並進行飲食療法，使狗可以攝取充分的糖類、蛋白質和維他命等營養。

預防●注射疫苗十分有效，副作用少，較常使用的是可以同時預防傳染性肝炎和犬舍咳的疫苗（犬腺病毒2型疫苗）。

通常都是注射同時結合犬瘟熱和犬小病毒等疫苗的混合疫苗。

容易罹患的時期●斷奶後未滿1歲的幼犬，容易出現嚴重症狀。

犬心絲蟲症

原因●心絲蟲是隨著蚊子叮咬，經由血液為媒介，使狗受到感染的寄生蟲。首先，寄生在狗身上的心絲蟲母蟲，會在狗的血液中產下孵化的幼蟲。但這種幼蟲只能在蚊子的體內成長，當蚊子吸狗的血，幼蟲就隨著血液一起進入蚊子體內。當蚊子再度叮咬狗，在蚊子體內成長的幼蟲就會從蚊子口器進入狗的體內。

幼蟲進入狗的體內，會持續成長，進入靜脈，隨著血液循環進入心臟。

症狀●心絲蟲的數目增加至50～60隻，就會出現症狀，心絲蟲症有慢性和急性兩種症狀。

一般較常見的是慢性的犬心絲蟲症。由於心臟寄生了大量的心絲蟲，導致沒有充足的血液送至全身。結果，支氣管靜脈會產生瘀血，或是運動後會出現咳嗽症狀。

當病情進一步惡化，早晚會劇烈咳嗽。之後出外散步，就會氣喘如牛，大部分飼主都會在此時注意

必須特別注意的感染症

冠狀病毒感染症

原因●在接觸感染冠狀病毒的狗的糞便、嘔吐物或受到污染的餐具後，經由口腔感染。病毒入侵體內後，在小腸壁增殖、發病。

冠狀病毒的感染力很強，若有飼養多隻狗，常常所有的狗都會受到感染、發病。

症狀●成犬即使感染冠狀病毒，身體的抵抗力也可以對抗病毒，幾乎不會發病（隱性感染）。但幼犬缺乏抵抗力，很容易出現嚴重的症狀。

受到冠狀病毒感染的幼犬會突然沒有精神，缺乏食慾。進而出現腹瀉、嘔吐症狀。糞便呈橘色，發出惡臭，有時候呈粥狀，也可能是水狀便，甚至可能排出混有血液的血便。不停的腹瀉和嘔吐，會因脫水導致體力衰退。

經常同時感染犬小病毒感染症。

治療●由於目前仍然缺乏治療冠狀病毒的有效藥，只能緩和症狀，努力促進體力恢復的目的治療。在打點滴和吸入氧氣後，改善脫水症狀，同時為了避免體力衰退時，受到2次感染，會使用抗生素，或是同時使用抑制腹瀉和嘔吐症狀的藥物，八合一有含此病毒的疫苗。

預防●為了避免狗狗受到感染，必須保持狗屋等周圍環境的清潔。尿液和糞便容易成為感染源，除了會造成其他狗的感染，人也會受到感染，所以在處理排泄物時，要特別小心。

容易罹患的時期●若同時養多隻狗，幼犬的症狀容易惡化。

到狗狗的異常。

急性症狀是由於心絲蟲會大量寄生在心臟的右心房和後大靜脈，導致發病。靜脈是血液流回心臟時的重要通道，有心絲蟲寄生，通道就會受到阻塞，全身的血液循環會變差。結果就會渾身無力、呼吸困難，並出現黃疸症症狀，也可能會排出紅褐色的尿液。

治療●急性犬心絲蟲症會危及生命，必須在第一時間動手術，將心臟內的心絲蟲取出，

慢性犬心絲蟲症時可以使用驅蟲劑，消滅寄生在心臟的心絲蟲。當心絲蟲數量變多，死亡的心絲蟲可能阻塞血管，造成生命危險，所以要靜養4～6週。

預防●每月1次要定期服用預防藥。但服用藥物前，必須先檢查是否已經感染了心絲蟲。如果已經受到感染，再服用預防藥物，可能會引起發燒和休克症狀，十分危險。如果已經感染了心絲蟲症，就必須使用殺蟲劑將犬心絲蟲完全消滅後，再服用預防藥。

狗養在戶外，可為狗屋裝上防蟲網，或是使用蚊香，儘可能避免蚊子叮咬。

容易罹患的狗●沒有服用預防藥的狗。

第6章

發生意外的急救法

當狗狗受傷、跌倒，
如果飼主具備急救的知識，就能拯救狗狗的性命。
以下將根據各種緊急狀況，介紹各種不同的急救方法。

狗狗昏倒時的急救法

出血、昏倒、停止呼吸。遇到這種緊急狀況時，會不會急救，攸關狗狗的性命。為了保護狗狗的生命，一定要了解各種不同狀況時的急救方法。

●骨折

當骨骼突出或是狗狗做出不自然的姿勢時，很可能是骨折了。

骨折的緊急處理。→P162

●停止呼吸

將手放在鼻子或嘴前方，確認是否有呼吸。

進行人工呼吸

①讓狗躺下，將舌頭拉出，確保氣管暢通。

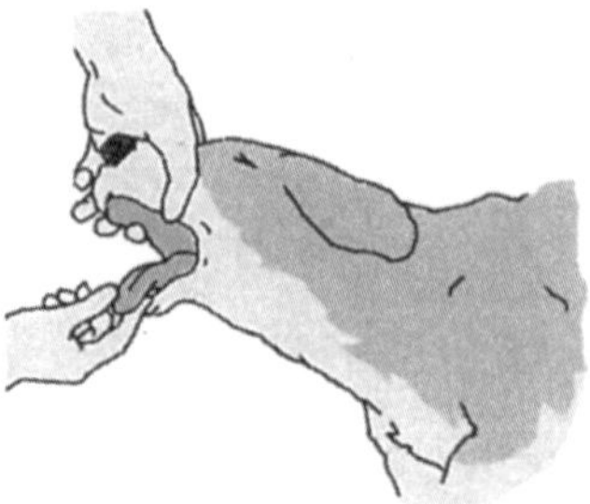

②雙手手掌用力壓住肋骨，然後立刻放鬆，反覆進行這個動作。

③抓住鼻子，對著嘴巴吹氣。

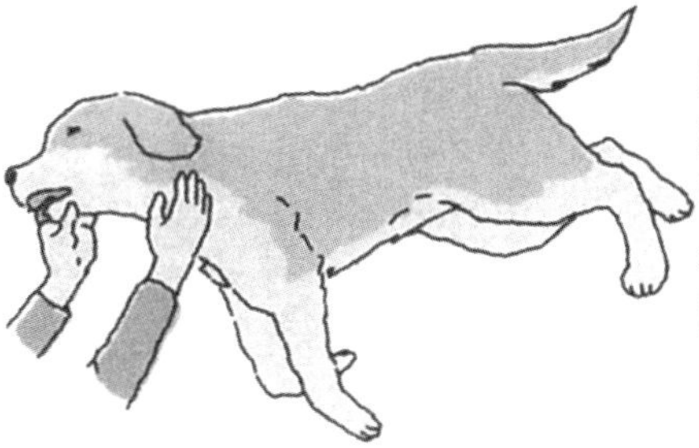

●沒有意識

叫狗狗的名字，觀察牠是否有反應，眼睛是否張開，是否想活動身體。如果沒有反應時，要立刻進行休克的急救。讓狗平躺後，將身體拉直，將狗狗的嘴打開，拉出舌頭，保持氣管暢通。

●出血

檢查身體哪個部分出血。

止血→P163

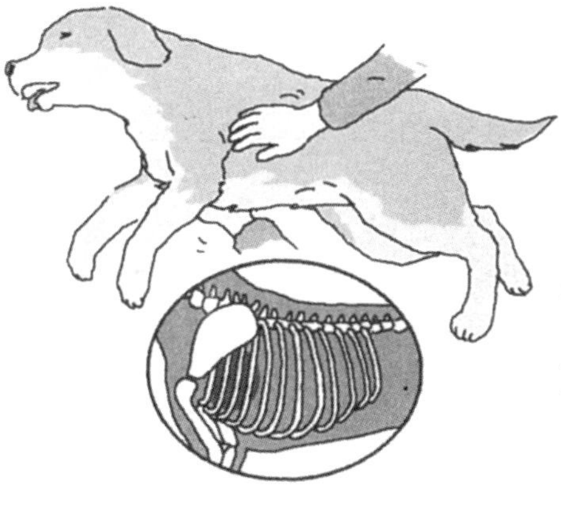

●沒有脈搏

將手放在後腿根部，確認是否有脈搏。

心肺復甦術

雙手手掌用力按壓心臟，然後立刻放開，持續急救。

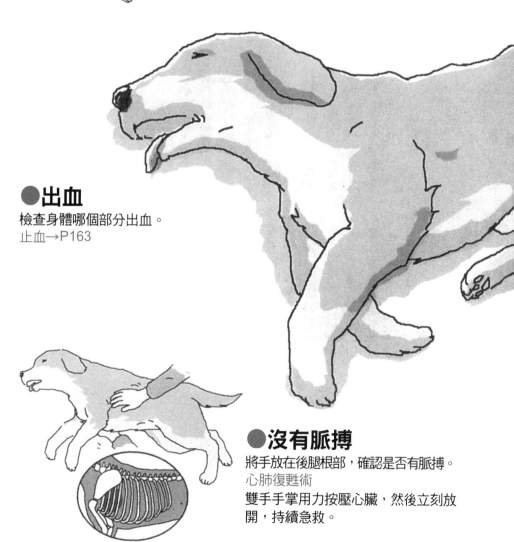

骨折

不要亂動，立刻送醫

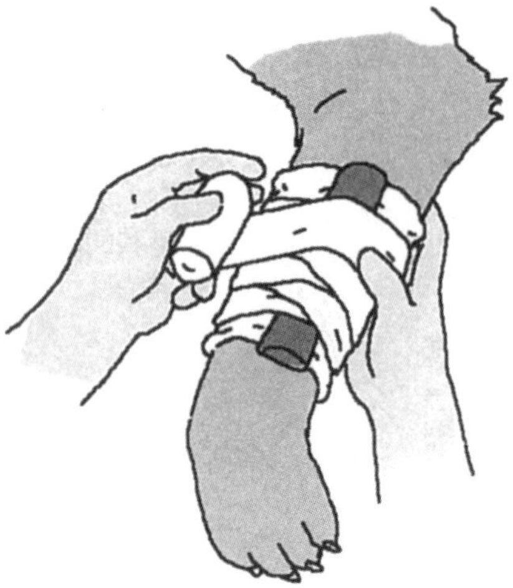

首先，用紗布包住骨折的部位，然後用紗布纏住夾板加以固定，最後再用膠帶或繃帶包裹固定。

若左右腿的長度、形狀不同，或是某個部分特別鬆動，可能發生了骨折，只要仔細觀察，就不難找到骨折的部位。另外，若部位紅腫或不喜歡別人摸，也是骨折的訊號。若腿骨骨折，狗會將受傷的腿抬起來走路。

若狗狗撞到車子或從高處跌落，一定要仔細檢查身體。尤其是骨骼還未健全的幼犬或小型犬，要特別注意骨折問題。

觸電

先不要摸狗，立刻將插頭拔掉

如果去摸觸電而倒地的狗，你也可能觸電。首先要將插頭拔下，或是將電源切掉。如果狗狗被燙傷或是昏迷、沒有呼吸，要立刻帶去動物醫院。有時候嘴裡也可能燙傷，要仔細確認。

狗咬電器的電源，也可能引起觸電。因此，要用套子保護電線和插頭。把電和插頭放在狗碰不到的地方。

出血

先止血，再帶去動物醫院

確認出血的傷口，用紗布用力壓住傷口，如果傷口有毛，可以將毛剪掉。如果用力按住仍然無法止血，就要進行壓迫包紮法，亦即利用彈性繃帶包住傷口，再用膠帶固定，然後立刻帶去動物醫院。

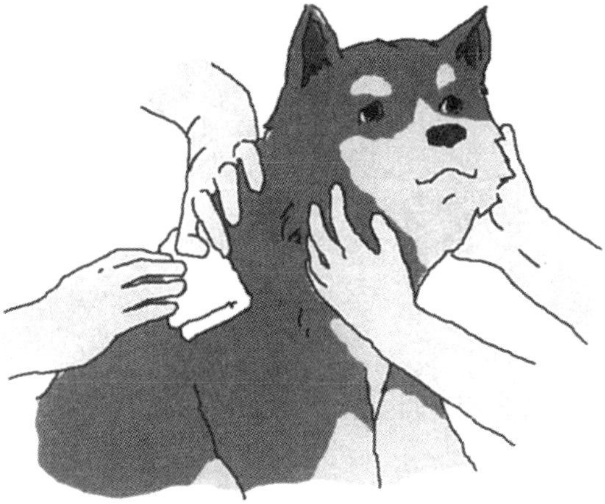

當狗和其他狗打架或撞傷，要仔細檢查牠的身體。尤其是長毛的犬種，傷口很可能被長毛蓋住，所以要將毛撥開後仔細檢查。

燙傷

立刻冷卻

確認燙傷的部位和狀態。即使沒有水泡，只要有紅腫，就代表有燙傷。要用冰水冷卻燙傷部位，然後帶去動物醫院治療。

有時候，狗狗會不小心被熱水或油燙到，造成燙傷。如果狗狗突然哀叫或舔咬皮膚，就要檢查一下牠的身體。

冬天時，太靠近暖氣設備時，可能會燒到毛。所以，一旦聞到毛被燒焦的味道，也要注意。

誤吞異物

帶去動物醫院

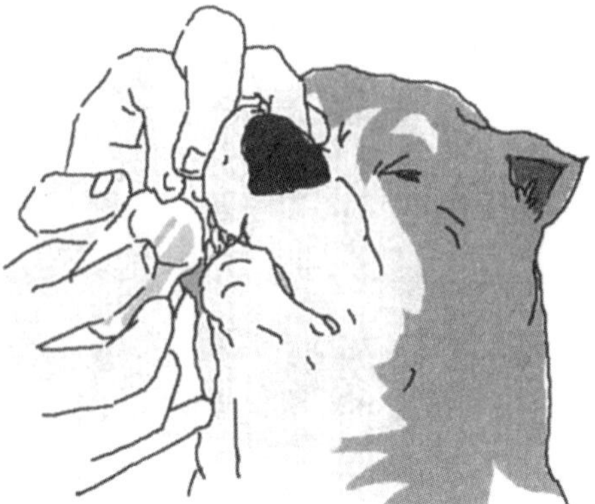

看到狗狗想吐的樣子，或是用力咳嗽，不妨檢查一下牠的口腔。發現嘴裡有東西卡住，要用鑷子取出。當誤吞化粧品、香菸，一定要讓牠吐出來。可以將鹽水從嘴角灌進去，多灌幾次，狗就會將胃裡的東西吐出來。

當狗狗誤吞化學藥品時，必須特別小心。吐出來時，很可能會傷害食道，可先打電話給動物醫院，聽從獸醫的指示。

將高爾夫球、菸灰缸和芳香劑放在狗拿不到的地方。聖誕紅等帶有毒性的觀葉植物也會危害狗狗生命，放置時要特別小心。

痙攣

避免摸狗狗的身體，直到牠平靜下來

確認痙攣的狀況，向獸醫描述。

當狗狗的身體僵硬，不時抽搐，腳懸在空中晃動，嘴巴時張時合，就表示發生痙攣。這種情況十分危險，要避免碰觸牠的身體，等待狗狗平靜下來。同時，要將周圍的傢俱整理一下，避免狗狗撞到，並確認狗狗的呼吸是否正常。

等狗狗平靜下來，拆下頸圈和狗鏈。

此外，要

被蟲叮

將針拔除，並冷卻被叮咬的部位

當被蟲咬時，就會出現紅腫。有時候，是因為狗狗不停的舔患部而被飼主發現。如果被蜜蜂叮時，會留下殘針，所以要用鑷子將針拔出，如果紅腫不退，可用冰水冷卻。

若狗狗陷入休克，一定要立刻送醫。

要特別注意的是蜜蜂、黃蜂、牛虻、蜈蚣、壁蝨和水母。

壁蝨的口器會深入皮膚，如果將身體抓起，口器就會斷裂，留在皮膚裡可能會引起炎症。去除壁蝨可用線香，將熱氣靠近壁蝨的身體，壁蝨就會將口器離開皮膚。

溺水

將水吐出，送至動物醫院

雖然大家以為狗應該不會溺水，但是在河水或大海中，即使是擅長游泳的狗也會溺水。當狗溺水時，要丟一些可以讓牠抓住的東西，將牠救起。如果不小心喝到水，可以將牠抱在懷裡，頭朝下。如果大型犬無法抱起，可以讓牠平躺後，臉朝下，讓牠將水吐出來。

由於水可能進入肺部，因此要帶去動物醫院仔細檢查。

另外，小型犬也可能跌進家裡的浴缸，發生溺水。因此，要避免狗狗走進浴室，預防溺水意外發生。

收集資訊，才是聰明選擇動物醫院的訣竅

發生意外時，如果有熟悉的動物醫院，可以立刻派上用場。不妨在居家附近找找看。為了找一家好醫院，必須收集大量情報。可以向養狗的左鄰右舍打聽，也可以詢問從動物醫院走出來的飼主。

就診前，先打電話詢問診察時間和休診日，並告知因為什麼症狀去就診。如果在電話中的應對理想，應該是一家值得信賴的醫院。

就診時，也要向獸醫傳達狗的狀況、喜好、以前的病歷和飼料的內容等。在診斷時，如果有不了解的地方，一定要問清楚，溝通有助於建立彼此的信賴關係。

重要❶
收集該動物醫院的資訊

重要❷
事先以電話確認對方的態度

重要❸
多交談

重要❹
有不了解的地方，一定要問清楚

準備急救箱

首先，平時就要準備好急救需要的工具，儘可能為狗狗準備一個專用的急救箱。

要隨時準備繃帶、紗布、膠帶、消毒劑、優碘、體溫計、鑷子、鉗子、保冷劑等。

同時，要製做一張健康卡，記錄注射疫苗的日期、服用心絲蟲等藥物的日期，一起放在急救箱內。如果可以將以前曾經罹患過的疾病和當時的情況也記錄下來，就能成為狗狗的健康手冊。

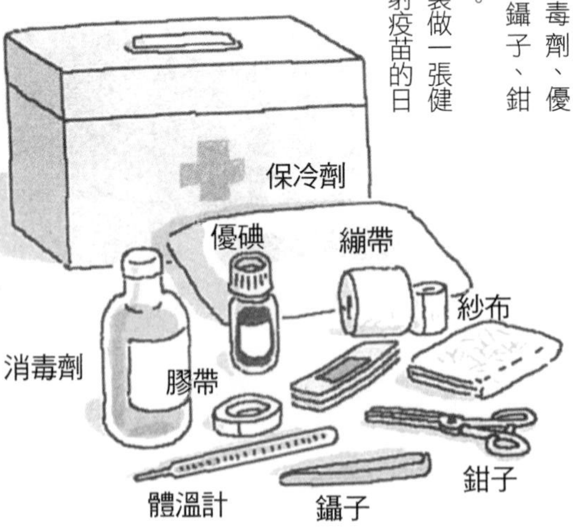

第7章

疾病的認識和治療

本章將解說各種犬種常見疾病的原因、症狀、治療和預防。
了解狗狗相關疾病的知識，可以在日常生活中有效預防。

犬種別

各犬種容易罹患的疾病

了解一下狗狗容易罹患哪些疾病，具備相關疾病的知識，知道在日常生活中應該注意的事項，可預防疾病的發生。

臘腸犬

原產地　德國
身高　（標準）公 23～27cm、母 21～24cm
體重　（標準）公 7 公斤以上、母 6.5 公斤以上，理想體重為 9～12 公斤　（迷你）無論公狗還是母狗，滿 12 個月後的體重都不超過 4.8 公斤

容易罹患的疾病
角膜炎、椎間盤突起、白內障、糖尿病
健康建議
4 歲以後，椎間盤突起的發病率增加。要避免會傷害腰、背部的跳躍。

吉娃娃

原產地　中北美大陸（美國、墨西哥）
體重　公狗、母狗都不超過 2.7 公斤
理想體重為 1～1.8 公斤

容易罹患的疾病
角膜炎、氣管塌陷、腦積水、二尖瓣閉鎖不全症
健康建議
該犬種不能承受頭部的衝擊，要注意居家安全，避免狗狗從樓梯和椅子上跌落。由於該犬種也不耐寒，冬季要做好禦寒措施。

西施犬

原產地　中國
身高　公狗、母狗都不超過 27 公分
體重　公狗、母狗都不超過 8 公斤
　　　理想體重為 4～7 公斤

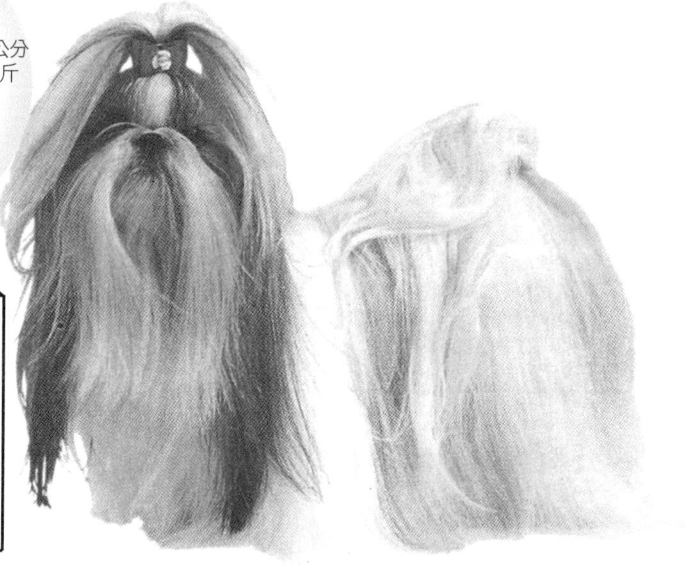

容易罹患的疾病
過敏性皮膚炎、庫興氏症候群（副皮質機能亢進症）、結膜炎
健康建議
由於眼睛周圍的毛很多，容易發生眼睛的炎症和眼淚引起的淚傷，可以將較長的毛剪短或綁起來。

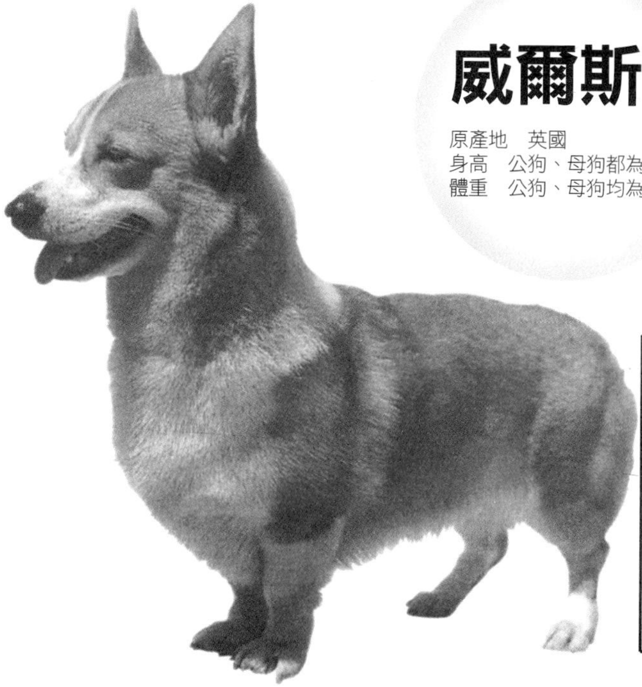

威爾斯柯基犬

原產地　英國
身高　公狗、母狗都為 25～30.5 公分
體重　公狗、母狗均為 10～13.5 公斤

容易罹患的疾病
股關節發育不全、椎間盤突起、尿路結石症、皮膚病、青光眼
健康建議
是容易發胖的犬種。由於該犬種的腿很短，發胖時，會對脊椎骨和股關節造成負擔。隨時注意狗狗的體重，預防肥胖。

拉布拉多犬

原產地　英國
身高　公狗 56～62 公分、母狗 54～59 公分

容易罹患的疾病
股關節發育不全、糖尿病、白內障
健康建議
該犬種容易發生股關節發育不全，在日常生活中，要避免對腰腿造成負擔。選擇幼犬時，要確認一下父、母的健康狀況。

約克夏

原產地　英國（約克夏地區）
體重　公狗、母狗均為 3 公斤以下，理想體重為 2 公斤

容易罹患的疾病
氣管塌陷、二尖瓣閉鎖不全症、皮膚病
健康建議
疏於保養毛皮時，容易罹患皮膚病。為了預防疾病，必須每天梳毛。

容易罹患的疾病
外耳炎、股關節發育不全、白內障
健康建議
是耳朵內容易悶熱的犬種，當耳垢累積時，容易引起外耳炎，每週要清潔耳朵一次。

原產地　英國（蘇格蘭）
身高　公狗 56～61 公分、母狗 51～56 公分

黃金獵犬

博美犬

原產地　博美地區（位於德國東部、波蘭西部之間）
身高　公狗、母狗均為 20 公分左右
體重　1.3～3.2 公斤，理想體重為 1.8～2.3 公斤

容易罹患的疾病
氣管塌陷、子宮蓄膿症、二尖瓣閉鎖不全症
健康建議
四肢纖細，骨骼脆弱，些微的撞擊就容易導致受傷，要避免跳躍或撞擊。

貴賓犬

容易罹患的疾病
外耳炎、皮膚病
健康建議
被毛茂密，要每天梳毛。注意空氣流通，避免被毛與被毛之間悶熱，就能預防皮膚病。

原產地　法國、中歐
身高　（標準型）38 公分以上
（迷你型）28～38 公分
（賞犬）28 公分以下（理想身高是 26 公分）

蝴蝶犬

原產地　歐洲（法國、比利時）
身高　公狗、母狗均為 20～28 公分

容易罹患的疾病
眼瞼內翻症
健康建議
要避免從樓梯或高處跳下。蝴蝶犬的個性十分活潑，但旺盛的精力可能會造成意外。

米格魯

原產地　英國
身高　公狗、母狗均為 33～38 公分

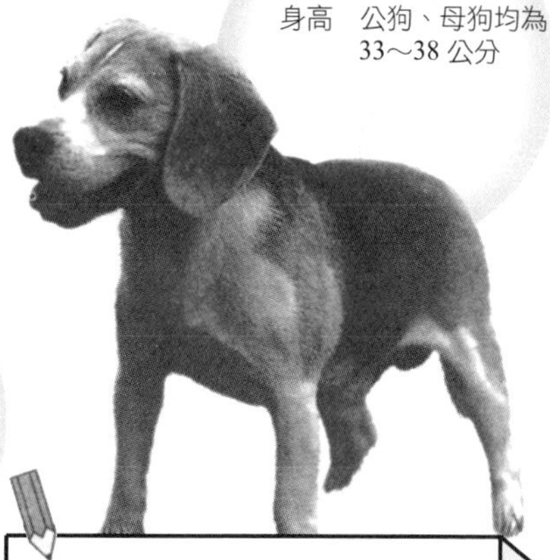

容易罹患的疾病
過敏性皮膚炎、犬瘟熱、癲癇、白內障、青光眼
健康建議
容易肥胖的犬種。要藉由飼料管理和運動，預防肥胖，要隨時清潔耳朵。

馬爾濟斯

原產地　馬爾他
體重　公狗、母狗都不超過 3.2 公斤，理想體重為 2.5 公斤

容易罹患的疾病
外耳炎、腦積水、二尖瓣閉鎖不全症、皮膚病
健康建議
被毛很細，容易斷裂，每天都要梳理。要注意眼睛周圍的發炎症狀。

柴犬

原產地　日本
身高　公狗 38.5～41.5 公分
母狗 35.5～38.5 公分

容易罹患的疾病
過敏性皮膚炎
健康建議
換毛期時，會大量掉毛。如果不加以整理，很容易結毛球，也會悶住皮膚，導致皮膚炎，所以要經常梳理。

查理斯王小獵犬

原產地　英國
體重　公狗、母狗均為 5.5～8 公斤

容易罹患的疾病
皮膚病、耳蟲症
健康建議
垂耳，耳內容易悶熱。要經常檢查耳朵內部的狀況，如果耳內的毛太長時，可以修剪一下。

迷你雪納瑞

原產地　德國
身高　公狗、母狗均為 30～35 公分

容易罹患的疾病
腎臟病、隱睪症、不明原因股骨缺血性壞死病
健康建議
發生隱睪症時，最好不要繁殖。在幼犬時期，要檢查是否有隱睪症或不明原因股骨缺血性壞死病，成為老犬後，要檢查是否有腎臟病。

巴哥犬

原產地　中國
身高　公狗、母狗均為 6.3～8.5 公斤

容易罹患的疾病
角膜炎、股關節發育不全、軟口蓋過長症、中暑
健康建議
由於鼻部很短，容易造成呼吸困難。季節變化時，要特別注意。

喜樂蒂牧羊犬

原產地　英國（Shetland 群島）
身高　公狗、母狗均為 33～41 公分

容易罹患的疾病
股關節發育不全、白內障、鼻部感光過敏性皮膚炎
健康建議
在強烈的紫外線照射下，鼻部周圍容易發炎，要特別注意。

法國鬥牛犬

原產地　法國
身高　公狗、母狗均為 30 公分左右
體重　分別不超過 10 公斤以和 12 公斤

容易罹患的疾病
過敏性皮膚炎、癌症、眼瞼內翻・外翻症
健康建議
老年後，容易罹患泌尿器官的腫瘤，要定期接受檢查。

可卡犬

原產地　美國
身高　公狗 36.75～39.25 公分
　　　母狗 34.75～37.25 公分

容易罹患的疾病
眼瞼內翻・外翻症、甲狀腺機能衰退症、瞬膜增生症
健康建議
容易發生眼科疾病的犬種，每週要檢查眼睛一次。

迷你杜賓犬

原產地　德國
身高　公狗、母狗均為 26～31.7 公分

容易罹患的疾病
皮膚病、不明原因股骨缺血性壞死病
健康建議
容易罹患皮膚病，平時要經常檢查皮膚的狀況。

寄生蟲的疾病

有些寄生蟲病沒有任何症狀，有些卻可能導致死亡。在日常生活中多加注意，避免狗狗感染。

蛔蟲症

原因●蛔蟲分為犬蛔蟲和犬小蛔蟲。受到感染的狗的糞便中含有犬蛔蟲和犬小蛔蟲的卵。當狗吃進這些卵後，就會受到感染。卵在小腸內孵化，成為幼蟲。

如果懷孕中的狗感染犬蛔蟲時，胎兒會藉由胎盤受到感染。

當幼犬感染到犬蛔蟲的幼蟲時，會進入氣管，然後在小腸內變成成蟲。當成犬受到感染時，會傳遍全身，一直在肝臟內保持幼蟲的狀態。受到感染的狗分別為幼犬或成犬時，犬蛔蟲的成長情況有所不同。

感染犬小蛔蟲後，幾乎都會停留在腸內，成長長蟲。

症狀●當體內寄生大量蛔蟲時，會引起食慾不振、嘔吐、腹瀉等症狀。由於蛔蟲會吸收食物中的營養成分，所以毛色會變差，有時候，狗狗會開始吃土。

當蛔蟲進入胃時，不舒服的感覺會引起嘔吐。因此，在狗的嘔吐物中，也會混有蛔蟲。

犬蛔蟲也會在腸內糾結成一團造成腸道阻塞。當胎盤受到感染時，可能會導致新出生的幼犬死亡。

治療●使用驅蟲劑，將犬蛔蟲從體內徹底驅除。

犬蛔蟲的一生

當成犬感染犬蛔蟲卵時，卵會在腸內孵化變成幼蟲。幼蟲會經由淋巴管和血管進入心臟，之後會隨著血液循環入侵全身的內臟器官，然後就會停止發育，當狗懷孕時，幼蟲就會入侵胎兒的身體。幼蟲進入胎兒身體後，在狗出生以前，都會寄生在肝臟中，當出生後，就會「移行進入」小腸，在 2～3 週後長成成蟲。

當幼犬從口腔感染犬蛔蟲卵時，犬蛔蟲幼蟲就會從腸壁進入淋巴管和血管，然後再移到肝臟、心臟、肺部和支氣管。之後再回到小腸，長成成蟲，然後開始產卵。

卵會隨著糞便排出體外，糞便中未成熟的卵在經過 3～4 週後，變成成熟的卵，成熟卵會導致感染。

預防●散步時，要避免接觸其他狗的糞便，也要糾正狗狗隨便撿地上東西吃的習慣。

容易罹患的犬種●所有的犬種。幼犬受到感染時，容易引發嚴重的症狀，要特別注意。

鞭蟲症

原因●當感染鞭蟲的狗排便時，糞便中就含有鞭蟲的卵。當狗靠近糞便聞味道時，鞭蟲的卵就會從口中進入，造成感染。鞭蟲卵的經由食道、胃，在小腸內孵化。

孵化的幼蟲會潛伏在黏膜內，並在盲腸內成長。像鞭子般的鞭蟲會將身體的前端插入黏膜，用力吸血。母性鞭蟲會在此產卵。產下的卵進入直腸，隨著糞便排出體外，等待被其他狗吃下肚。

症狀●在盲腸內成長時，鞭蟲會吸血，攝取養分。因此，當體內寄生大量鞭蟲時，會造成貧血，由於營養減少，被毛的狀態會變差。

另外，也會導致腹瀉，糞便中也會出現混有血液的黏液，食慾也會變差。

如果同時感染其他寄生蟲時，症狀會更加嚴重，引起腹痛，或是想排便時，做出排便的姿勢，卻因為無法順利排出而滿臉痛苦。

治療●可以檢查糞便，請醫師處方符合症狀的驅蟲劑。服藥幾次後，確認體內的蟲是否完全被消滅。

症狀嚴重時，需要服用止瀉劑、整腸劑。當營養狀態不佳時，需要補充營養。

預防●要避免接近受到感染的狗。散步時，也要避免接觸其他狗的糞便。

為了避免感染擴散，要隨時將糞便清理乾淨。狗屋內可能有蟲卵，要將墊子等放在陽光下曝曬、

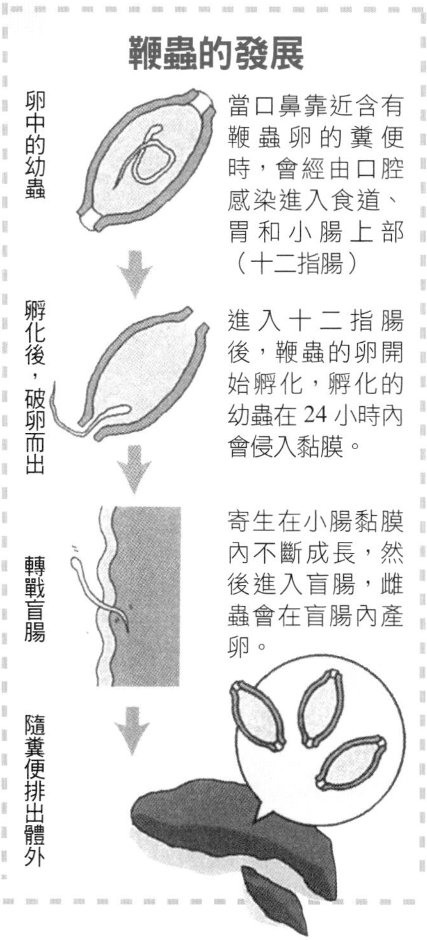
鞭蟲的發展
卵中的幼蟲
當口鼻靠近含有鞭蟲卵的糞便時，會經由口腔感染進入食道、胃和小腸上部（十二指腸）
孵化後，破卵而出
進入十二指腸後，鞭蟲的卵開始孵化，孵化的幼蟲在24小時內會侵入黏膜。
轉戰盲腸
寄生在小腸黏膜內不斷成長，然後進入盲腸，雌蟲會在盲腸內產卵。
隨糞便排出體外

消毒。每年接受1次糞便檢查。

容易罹患的犬種●所有犬種。

鉤蟲症

原因●鉤蟲的卵會隨著受到感染的狗的糞便一起排出體外，在土壤內孵化，成為感染幼蟲，等待狗的光臨。

幾乎都是經由口腔感染，偶爾會從皮膚或毛細孔侵入體內，尤其容易從受傷的傷口入侵體內。

感染的狗懷孕後，幼蟲會透過胎盤或母乳受到感染

症狀●寄生在小腸內的幼蟲會吸附在小腸壁上吸血，幼蟲有十分銳利的鉤型牙齒，鉤蟲靠這種牙齒緊咬在小腸壁上，這也是鉤蟲名字的由來。

當寄生的數目增加時，就會引起慢性貧血、腹瀉，毛色也會變差。

如果幼犬受到感染，將會危及生命。尤其受到胎盤感染或經由母乳感染時，幼犬不再喝母乳，進而因為腹瀉和血便導致體力衰竭，甚至死亡。

由於幼犬缺乏免疫力，一旦感染大量鉤蟲時，貧血、腹瀉、血便、食慾衰退等症狀會變得十分嚴重。當腹部疼痛時，狗狗會弓起背部。

治療●服用驅蟲劑。由於無法完全消滅，必須遵從醫囑，分幾次驅蟲。

如果有其他症狀時，也必須針對這些症狀加以治療。貧血嚴重時，必須輸血，促進體力恢復。

預防●要避免狗狗接觸鉤蟲的感染幼蟲，要立刻清理糞便，避免狗狗靠近其他狗的糞便。狗屋、墊子或餐具上也可能有鉤蟲的幼蟲，必須隨時清潔，保持乾淨。

當受到感染的狗懷孕時，也會對幼犬產生影響。在交配前，必須針對寄生蟲進行檢查。

容易罹患的犬種●所有犬種。

三種感染途徑

1　經由口腔感染

接觸有感染幼蟲的泥土和食物時，就會經由口腔感染。進入口腔後，會經由食道、胃進入小腸，也可能從口腔黏膜隨著淋巴液的循環進入肝臟、心臟、肺、氣管、食道和小腸。

2　經由皮膚感染

感染幼蟲會從皮膚的傷口、毛孔進入，隨著血液循環，先進入心臟，再經由心臟、肺、氣管和食道，最後進入小腸。

3　胎盤感染、餵乳感染

當感染鉤蟲症的狗懷孕時，鉤蟲的幼蟲會經由胎盤和母乳感染幼犬。

絛蟲病

原因●絛蟲卵會在跳蚤體內孵化，當狗吃下跳蚤後，就會受到感染。

受到感染的狗的糞便中，會混有絛蟲身體的一部分。破裂後，蟲卵就會出來。跳蚤會吃下蟲卵，會在跳蚤的體內孵化，成功感染幼蟲。絛蟲會以這樣的循環方式，不斷的存在狗和跳蚤的體內。

絛蟲的外形有點像好幾個胡瓜的種子連在一起，成一節一節的形狀，因此也稱為瓜實絛蟲，每一體節中都有蟲卵。

症狀●感染絛蟲的幼蟲，會寄生在小腸內，成長為成蟲。

即使絛蟲寄生時，也不會有太嚴重的症狀，但當寄生數目太多時，就會吸收營養，所以會出現消瘦、毛色變差、腹瀉、食慾不振等症狀。

當體節隨著糞便一起排泄時，體節就會黏附在肛門周圍。這時，狗因為感到不舒服而將臀部摩擦地面，很容易發現狗狗已經感染了絛蟲。

治療●需要服用驅蟲劑。當寄生的蟲的種類不同時，藥物的用法、份量也不同，一定要遵照醫囑。

同時，也會針對其他症狀服用維他命劑、營養劑或止瀉藥等。

預防●消滅跳蚤是最徹底的方法。可以使用口服藥、滴劑、除蚤項圈、藥浴劑等各種不同的藥物消滅跳蚤，不妨請教獸醫，處方適合狗狗的藥物。

為了預防跳蚤的發生，要隨時保持室內清潔。跳蚤卵容易在地毯、墊子、毛毯、座墊、傢俱等角落孳生，一定要徹底清潔。

容易罹患的犬種●所有犬種。

跳蚤帶著絛蟲跑

①跳蚤幼蟲吃下蟲卵
②蟲卵在跳蚤體內孵化成感染幼蟲
③狗吃下身上的跳蚤
④幼蟲在小腸內變成成蟲
⑤會隨著糞便排泄，散播蟲卵
⑥跳蚤幼蟲吃下四散的蟲卵

球蟲病

原因●球蟲的原蟲從口腔進入體內，造成感染。偶爾會因為老鼠吃下球蟲的感染卵，狗再吃下老鼠後受到感染。

球蟲進入體內後，寄生在小腸，在進入小腸的上皮細胞，會破壞細胞，不斷分裂增殖。不久開始產卵，隨著狗的糞便排出體外。2、3天後，就變成可以感染的感染卵。

症狀●由於會破壞小腸的細胞，所以會排出混有血液的血便。會引起嚴重腹瀉，因為水分不足導致脫水或是營養不良造成貧血。

當免疫力較低的幼犬或老犬感染時，會出現嚴重的症狀，體力衰竭，可能會同時感染其他病毒。

治療●使用驅蟲劑，徹底消滅體內的球蟲。脫水症狀嚴重時，必須打點滴，貧血嚴重時，需要輸血。

預防●球蟲的感染卵抵抗性很強，只要有適當的溫度和濕度，會一直等待機會，讓狗受到感染。

隨時保持狗狗生活環境的清潔是最好的預防。

容易罹患的犬種●所有犬種。

鞭毛蟲症

原因●鞭毛蟲原蟲的感染卵會經由口腔進入體內，造成感染。當吃了感染鞭毛蟲的狗的糞便，以及含有鞭毛蟲的水和食物後，就會經由口腔感染。

鞭毛蟲也稱為腸蘭伯氏鞭毛蟲，使用八根鞭毛活動，吸收營養。

鞭毛蟲經由食道、胃後，最後寄生在小腸內。寄生後，就會開始分裂、增殖。營養型蟲體會在大腸內產卵，隨著糞便一起排出體外。卵包在殼內，並變成成熟卵，伺機寄生在狗身上。

症狀●由於寄生在腸黏膜，影響脂肪的吸收，因此，會排出含有脂肪的脂性糞便。

雖然食慾正常，但由於寄生蟲吸收了養分，所以會逐漸消瘦。

當免疫力較低的幼犬或老犬感染後，會引起腹瀉和營養失調。

治療●使用驅蟲劑，一定要請教獸醫，在動物醫院處方藥物。

預防●必須排除感染卵，要避免靠近其他狗的糞便或不清潔的場所。

要徹底清潔狗屋、墊布和毛毯，在晴朗的天氣放在太陽下曝曬。吃完飯後，立刻收拾餐具，用洗碗精洗乾淨。

容易罹患的犬種●所有犬種。

焦蟲症

原因●焦蟲是以壁蝨為媒介的原蟲。壁蝨吸血時，焦蟲的幼蟲會隨著唾液一起進入狗的血管。幼蟲會進入紅血球，以紅血球的成分為營養成長。成長後的蟲會分裂，破壞紅血球，然後會不斷入侵紅血球。

當壁蝨吸狗的血時，血中的焦蟲會隨著血液一起進入壁蝨的身體。壁蝨產卵時，焦蟲會進入壁蝨的卵中，在孵化的幼小壁蝨中成長，產生感染力。然後會集中在壁蝨的唾液中，等待壁蝨吸狗血的機會。

症狀●由於焦蟲會破壞紅血球，引起貧血、發燒、渾身無力等症狀。

當貧血症狀嚴重，除了體力衰弱，也容易感染其他的病毒。

治療●使用抗原蟲藥驅蟲。

貧血嚴重時，要輸血治療。

預防●徹底消滅壁蝨。要避免長時間在壁蝨可能生息的草叢、樹木茂盛的地方自由活動。散步後，一定要檢查身上是否有壁蝨。最近，除了山區以外，都會的公園綠地也會有壁蝨。

當身上有壁蝨時，不要直接清除。因為壁蝨的口器會深入狗的皮膚，如果硬拉，口器會留在狗的皮膚中，引起炎症。可以用鑷子夾出，或用線曰的火靠近，使壁蝨受到驚嚇而離開皮膚。

但當其他的狗感染壁蝨時，散步的路上可能危機四伏，到處都是壁蝨的卵，所以請獸醫開預防壁蝨的藥。

容易罹患的犬種●所有犬種。

會感染人的寄生蟲病

—人畜共通感染症

狗感染的寄生蟲，是否也會感染人類？事實上，有些寄生蟲也會感染人類，稱為「人畜共通感染症」。

蛔蟲症、鉤蟲症、蛲蟲症等也會感染人類。在處理狗的糞便時，手很可能碰到感染卵或感染幼品，因此吃進嘴裡。

在清掃狗屋時，感染卵可能隨著塵土飛揚，一起進入口中。

打掃時，一定要戴口罩，在處理糞便或摸過狗後，一定要用肥皂洗手。

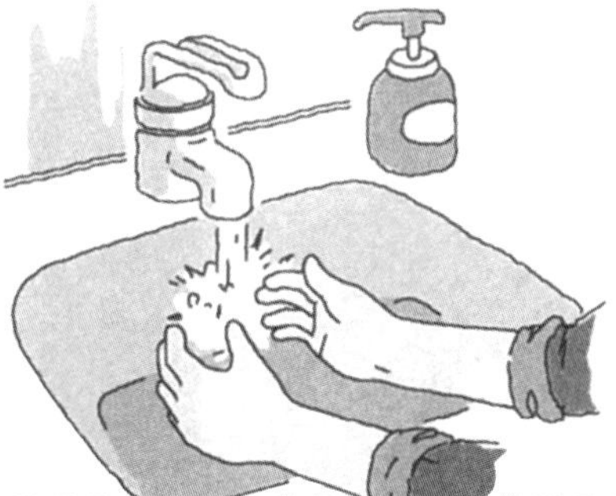

皮膚的疾病

被毛皮覆蓋的皮膚會因為跳蚤、蝨子等寄生蟲，或濕氣的原因而罹患疾病。

過敏性皮膚炎

原因●狗等動物的身體具有將外敵（細菌、病毒等）排出體外的功能。這種功能會對灰塵、花粉、化學物質等各種物質產生過度的反應，對身體造成傷害，這就是過敏。

當吸入過敏物質，在體內引起過敏反應，使皮膚出現炎症時，就稱為「過敏性皮膚炎」。

症狀●會出現強烈的搔癢，狗會抓、舔、咬皮膚，造成皮膚損傷，引起化膿、出血。

由於皮膚狀態變差，毛皮會變薄或掉毛。

治療●特定引起過敏的物質（過敏原），並消除過敏原，症狀就會消失。使用可能的過敏原進行測驗，觀察狗的反應，如果可以找出過敏原，在日常生活中就能加以避免。但要找出過敏原並不容易，在這種情況下，只能使用止癢藥和抑制炎症的藥物。

預防●儘量避免可能的過敏原。

容易罹患的犬種●秋田犬、西部高地白㹴、黃金獵犬、西施犬、牧羊犬、柴犬、大麥町犬、米格魯、鬥牛犬、拳師犬、波士頓㹴、拉布拉多犬。

尋找過敏原！

不妨檢討一下生活環境。檢查狗屋或床鋪上是否積滿灰塵，墊子或毛毯是否乾淨？是否長黴菌？逐一檢查每一項，確認是否需要改善。

一旦找到過敏原，並去除，就可以解決狗狗的過敏問題。檢查狗狗周圍的環境，找出過敏原吧！

跳蚤過敏性皮膚炎

原因●被跳蚤咬到時，跳蚤的唾液進入狗的身體，引起過敏。這是因為唾液中含有的半抗原蛋白質產生了過敏反應。

有時候，即使沒有被咬，只要有接觸，也會引起過敏反應。

如果有過敏性、接觸性或食物性等其他過敏時，很容易引起跳蚤過敏性皮膚炎。

症狀●皮膚會長疹子、發癢，狗會不停的抓、舔，背部、腰部、腹部和大腿根部的毛會掉落。

當大量跳蚤寄生，會吸取大量血液，容易引起貧血。

治療●可以服用止癢、抗過敏藥。也可以服用維他命Ｅ，使皮膚富有光澤。

但必須排除跳蚤，才能根治，可以使用殺跳蚤的口服藥、滴劑或藥浴劑。

也必須檢討生活環境。跳蚤的卵都生活在地毯、傢俱的角落，如果不清除，會大量繁殖。必須隨時清潔，將墊子放在陽光下曝曬、消毒，徹底消滅跳蚤。

預防●跳蚤除了會引起過敏，還會媒介犬絛蟲等寄生蟲，所以平時就要做好消滅跳蚤的工作。

初春至秋季時，跳蚤最活躍。必須向獸醫請教，使用適合狗狗，預防跳蚤的藥物。

梳毛也有助於趕走跳蚤，利用除蚤梳這種齒縫較細的梳子，在梳毛時，可以將跳蚤梳下。

容易罹患的犬種●所有犬種。

拒絕跳蚤上身！

當身體不乾淨，跳蚤容易繁殖，身上就會寄生很多跳蚤，可以用沐浴劑或梳子，使身體保持清潔。

殺跳蚤藥有許多不同的種類，有每個月吃一次的藥、滴在脖頸後方的藥、撒在身上的粉狀藥及將藥溶解在溫水中，讓狗浸泡的藥浴，也有含消滅跳蚤成分的項圈等。

使用適用狗狗的藥消滅跳蚤。

疥癬症

原因●感染疥蟲症引起的。

會從感染這種蟲的狗身上，以及帶有這種疥癬蟲的狗屋、項圈、餐具上受到感染。

一旦受到感染，數量就會不斷增加。疥癬蟲會鑽入皮膚，在鑽洞的同時四處活動，母蟲在洞中產卵，卵孵化成幼蟲後，會鑽入皮膚，在皮膚下成長。

症狀●容易發生在耳朵邊緣、手肘、腳跟等部位。疥癬蟲會在皮膚上鑽出一個「隧道」般的洞，不斷前進。因此渾身會感到發癢，狗就會抓、舔。嚴重時，結痂會出血。

出血時，傷口容易感染細菌，造成二度感染。

治療●首先，要將全身的毛剃除。然後讓狗狗在加有藥浴劑的溫水泡澡。但一次無法消滅所有的疥癬蟲，必須多次消毒，才能徹底消滅皮膚下的幼蟲和卵。

同時也要使用止癢、消炎的消炎劑，抑制其他的症狀。

預防●避免接觸疥癬蟲，或是已經受到感染的狗。

容易罹患的犬種●所有犬種。

皮屑蟎症

原因●皮屑蟎寄生在皮膚所引起。

症狀●會出現皮屑、搔癢，毛會順著背部掉落。

會出現大量的皮屑，皮屑蟎就寄生在層層的結痂下方。當感覺毛皮的前端白白的，就要特別注意。

由於很癢，狗狗經常用後腿抓背。

有時候，也會因為抓破皮膚而發紅、潰爛。

治療●當皮屑蟎寄生在全身時，要將毛徹底剃乾淨，以便迅速、徹底消滅。

此外，泡在加有消滅皮屑蟎藥浴劑的溫水中，仔細清洗有皮屑的部位。

預防●皮屑蟎來自受到感染的狗身上。

平時，就要保持狗狗生活環境的清潔。經常清掃狗屋，並清洗毛毯、墊子。

也可以使用有助於防跳蚤、蝨子的項圈和沐浴劑，或者服用藥物或使用滴劑，不妨請教獸醫，選擇最適合狗狗的藥物。

容易罹患的犬種●所有犬種。

毛囊蟲症

原因●毛囊蟲寄生引起，也稱為毛包蟲症、青春痘症。

會出現帶有膿汁的疹子，看起來像青春痘一樣，所以也稱為青春痘症。

毛囊蟲寄生在毛孔內，健康的狗身上也有毛囊蟲，但一旦免疫力衰退的狗身上寄生這種毛囊蟲，就會大量繁殖，引起皮膚炎。

剛出生不久的幼犬在喝母狗的母乳時，也可能感染毛囊蟲，藉由這種方式感染時，通常會在眼睛、嘴巴周圍和臉部發病。

症狀●會出現掉毛、潰爛的症狀，搔癢症狀逐漸強烈。

毛囊蟲會進入毛根部，引起掉毛。

當發現眼睛和嘴巴周圍開始掉毛，皮膚發紅、潰爛時，就要特別注意。

如果不及時治療，就會擴散到頭部、背部、腰部，甚至肛門周圍等全身各個部位。

治療●服用可以消滅毛囊蟲的抗生素。

也可以將殺毛囊蟲劑放入溫水中，使狗狗泡藥澡。

由於無法立刻改善，需要長期治療。

可以在按照醫師的指示下，進行治療。

預防●避免餵乳中的母狗感染毛囊蟲，所以要經常梳毛，每週洗一次藥浴。

當老犬罹患時，不容易治癒，平時要經常洗澡或泡藥浴，使身體保持清潔。

容易罹患的犬種●大白熊犬、臘腸犬、大麥町犬、吉娃娃、杜賓犬、米格魯。

膿皮症

原因●細菌引起的皮膚炎稱為膿皮症。

造成膿皮症的細菌是十分普通的、常見的細菌。在一般情況下並不會引發疾病，當皮膚受傷、被蚊

小心城市裡的跳蚤！

疥癬症、皮屑蟎症、毛囊蟲症都是因為寄生蟲引起的疾病，此外，壁蝨還會間接媒介焦蟲症。

這種壁蝨原本生活在山區，最近也出現在都市。在戶外活動時，進入山區的狗將壁蝨帶進都市，使壁蝨在都市的公園、河岸旁繁殖。

因此在都市散步，也會感染壁蝨。

即使每天在相同的路徑散步，回家後，必須檢查身上是否有壁蝨。

子可咬後，細菌就會入侵傷口，引起炎症。

因為生病或老化導致免疫力衰退時，細菌就容易入侵，產生症狀。

症狀●發生炎症時，會有強烈的搔癢症狀，狗會經常舔、抓，患部會開始脫毛。

炎症嚴重時，會流出膿汁或發燒。

治療●輕微時，可以藉由藥浴或沐浴劑治療。嚴重時，會使用抗生素、口服藥和外用藥治療。

預防●身體不乾淨時，細菌容易繁殖。尤是皺紋較多的犬種，皺紋和皺紋間容易累積污垢，必須經常洗澡，每天用毛巾擦拭身體，並用梳子按摩毛皮和皮膚，促進新陳代謝。

梳子還可以將新鮮空氣送入皮膚和毛皮，有助於保持清潔。

容易罹患的犬種●英國蹲獵犬、可卡犬、鬥牛犬、北京狗。

皮癬菌症

原因●真菌導致的皮膚疾病。接觸感染真菌的狗，或受到氣中散播的真菌孢子都會受到感染。

孢子會寄生在毛皮的根部，將菌絲伸向毛根內。

真菌的種類包括犬小芽孢菌、石膏樣小芽孢子菌或白線菌等。

症狀●由於菌絲伸入毛根，因此毛會變細或斷裂。

掉毛的方式有其特徵，會一塊一塊的呈圓形掉落。當病情惡化時，圓形會不斷變大。

掉毛的部分會出現白色的皮屑。

免疫力衰退的老犬受到感染，很容易擴散到全身。

治療●將可以消滅真菌的藥浴劑加入溫水中，讓疾病泡藥浴。由於真菌已經遍及全身，所以需要治療一時間才能痊癒，在獸醫的指導下進行治療。

有時候也會使用外用藥和抗生素。

預防●當免疫力衰退時，容易受到感染，平時就要切實做好健康管理。

因為罹患其他疾病導致體力衰退時，要避免帶狗狗外出散步。

容易罹患的犬種●所有犬種。

皮脂漏

原因●由於皮脂分泌過度旺盛或太少，導致的皮膚疾病。

皮膚的毛孔會分泌皮脂，保護皮膚健康。皮脂會在皮膚表面，預防乾燥，當無法正常發揮這種功能時，就造成皮脂漏。

過敏、皮膚炎、內臟的疾病、

維他命、礦物質缺乏、脂肪不足，都可能造成皮脂無法正常分泌。

在過敏性皮膚炎時，由於使用類固醇齊進行治療，使皮膚角質化，影響皮脂的正常分泌。

當身體無法順利收脂肪，皮脂量會暫時減少，但之後會因為荷爾蒙過剩導致皮脂大量分泌。

症狀● 當皮脂分泌不佳時，會發展為乾性型的皮脂漏，皮膚變得乾燥，出現大量皮屑也會產生異味。

當皮脂分泌旺盛時，會變成脂性型的皮脂漏，好發於背部、腹部、耳朵和眼睛周圍。有時候，會併發外耳炎或出現大量皮屑，發出異味等症狀。

治療● 罹患乾性皮脂漏時，可以服用補充維他A、鋅等藥物，也可以使用具有保濕效果的沐浴精。

罹患脂性型時，可以使用抗皮脂漏的沐浴精泡藥浴。但過量清除皮脂，會變成乾性型，所以必須按照醫囑使用。

致病原因不同，要使用不同的藥物。

如果皮屑和異味明顯時，必須立刻帶去動物醫院就醫。

預防● 使用含有適當脂肪、營養均衡的飼料。

容易罹患的犬種● 愛爾蘭獵狼犬、柯卡犬、西施犬、沙皮犬、激飛獵犬、臘腸犬。

「好舒服的熱水澡」—藥浴

當皮膚出現異狀時，可以將藥溶解在溫水中，將狗狗浸泡中加以治療，這就稱為「藥浴」。藥浴可以使皮膚充分吸收藥效，達到治療效果。

這種藥稱為藥浴劑，專為藥浴所設計製造的。

準備一個狗可以泡在其中的浴缸、臉盆或桶子，大型狗可以使用家中的浴缸。

藥浴治療無法一次根治，最好要在獸醫的指導下，遵守用法和控制用量。

耳朵的疾病

不同品種的狗，耳朵有垂耳或豎耳等不同的形狀。耳朵中都長有被毛，容易累積污垢。

外耳炎

原因●積在耳朵中的耳垢引起的疾病。耳垢是外耳道的皮膚污垢、外界的灰塵和分泌腺的分泌物混合而成。耳垢會剝落，自然向外排出。但如果垂耳的耳朵中有濕氣，耳垢就很容易受潮累積。

累積的耳垢會刺激皮膚或繁殖細菌，引起炎症。耳朵入口至鼓膜的部分稱為外耳，當該部分發生炎症時，稱為外耳炎。

症狀●發生炎症時，會感覺搔癢。因此狗會不時搖頭、抓耳朵後方，或是用耳朵在牆壁上摩擦。

同時，耳朵會發出惡臭，惡臭就來自耳朵分泌的耳垢。耳垢會弄髒耳朵周圍的毛。如果不及時治療，就會開始疼痛，且不喜歡別人摸牠的耳朵。

治療●如果沒有受到細菌感染，只要清除耳垢，就可以治好。

如果受到細菌感染，就要使用抗生素治療。

預防●平時要注意觀察耳朵，一旦發現耳垢，要立刻清除。

垂耳、耳垢多、外耳道毛較多或外耳道較細的狗，較容易發生。

容易罹患的犬種●黃金獵犬、牧羊犬、獵腸犬、巴哥犬、巴吉度獵犬、鬥牛犬、北京狗、瑪爾濟斯、迷你貴賓犬、約克夏。

中耳炎・內耳炎

原因●外耳炎惡化，炎症時好時壞，症狀會擴散到中耳和內耳。

外傷造成鼓膜受傷，或過敏都會引起炎症，也可能是因為罹患感染症後，炎症擴散至中耳所致。

症狀●罹患中耳炎時，耳根會發生強烈搔癢，不喜歡別人觸碰脖頸和頭部，也會積膿或鼓膜破裂。

在內耳炎時，如果炎症擴散至前庭神經，就會喪失平衡感，身體會傾向罹患內耳炎那一側的耳朵。

治療●受到細菌感染時，需要使用抗生素。

預防●發生外耳炎時要立刻治療。

耳朵的構造

可以分為外耳、中耳和內耳。外耳包括耳翼、垂直耳道和至鼓膜為止的水平耳道。中耳有耳小骨、骨膜、耳道、鼓室和鼓室胞，內耳有半規管和耳蝸。

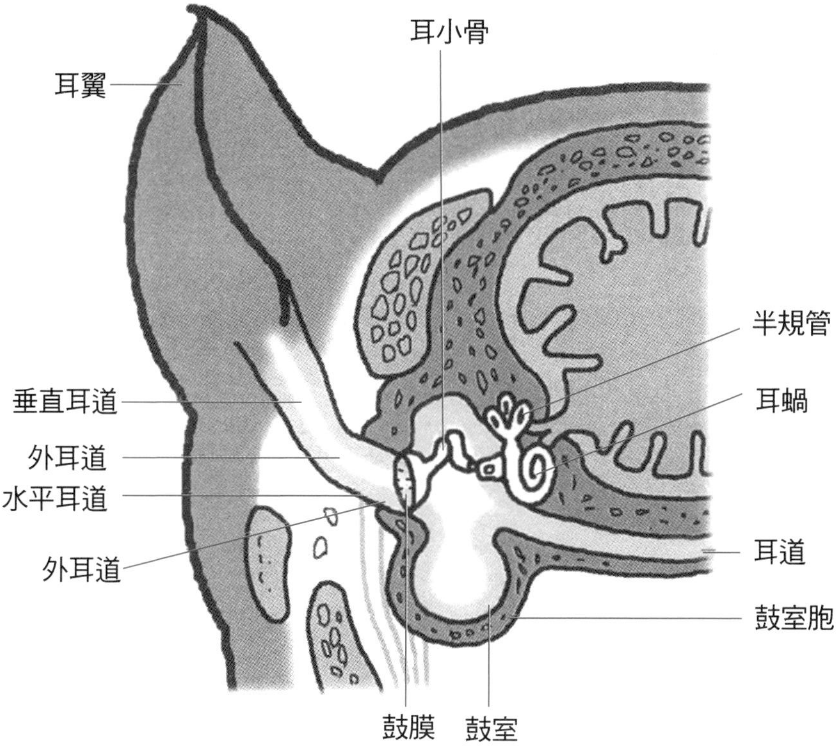

清潔耳朵，預防疾病

為了避免耳朵疾病，必須隨時清潔耳朵，保持耳朵乾淨。

可以將紗布繞在手指上，幫狗狗清除污垢。如果耳朵中的毛長長時，可以用剪刀修剪。當毛太長時，容易累積灰塵和濕氣，變得很髒。

將市售的耳朵清潔劑倒入耳中，輕輕按揉耳朵，耳朵內的污垢就會浮出。

容易罹患的犬種●罹患外耳炎的狗。

耳疥蟲症

原因●由耳疥蟲寄生引起的疾病，在和受到感染的狗接觸後，會感染耳疥蟲症。

　耳疥蟲寄生在耳道內的皮膚表面，平時以耳垢和耳朵的分泌物為食，在耳朵內產卵繁殖。

症狀●耳朵會發出惡臭。觀察耳朵時，可以發現外耳道上累積了黑褐色的耳垢。將耳垢取出後，可以看到白色的耳疥蟲在蠕動，體長為○・三釐米左右。

　正常的耳垢為金黃色，當發現黑褐色、黑或帶膿的耳垢時，要特別注意，很可能已經罹患了疾病。可以用棉花棒取出耳垢，檢查顏色。

　當寄生的數目增加時，會出現強烈搔癢，因此狗會經常甩頭用腳抓耳朵。嚴重時，炎症會擴散至內耳，就會引起前庭障礙，脖子會歪向某一側，走起路來會偏向受感染一側的耳朵。

治療●首先，要徹底清潔耳垢，再使用藥物消滅耳疥蟲症。由於無法消滅卵，所以在孵化的三週後，要再度使用藥物殺蟲。

預防●隨時保持耳朵清潔，每週檢查耳朵一次，一旦有耳垢累積，就要立刻清除。

容易罹患的犬種●所有犬種。

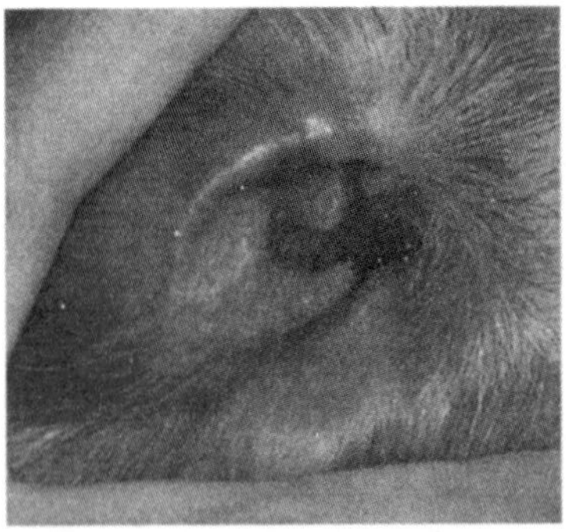

黑褐色的耳垢裡面有耳疥蟲

耳血腫

原因●由於耳翼中血液或血液中的水分累積，造成耳翼腫脹。當耳朵受到撞擊或被咬等，造成耳翼受傷時，往往容易引起耳血腫。

　當免疫異常，血液的成分滲到血管外時，也會造成耳血腫。

症狀●常發生在某一側的耳朵。

　摸耳朵時，可以感覺耳朵很熱，而且狗也不喜歡別人摸牠的耳朵。

治療●可以動手術或用注射器吸出積起的血液。

　可以使用止血劑、抗生素和抗炎症藥預防感染，並用繃帶包住患部，避免血液或血水積在耳翼。

預防●沒有特別的預防之道。當狗和其他狗打架後，要檢查狗的身體。

容易罹患的犬種●所有犬種。

眼睛的疾病

隨著老化，
眼睛會出現各種疾病。

眼睛的構造

光線進入玻璃體，在視網膜上成像。眼球受到上眼瞼和下眼瞼的保護，內側則由結膜覆蓋。

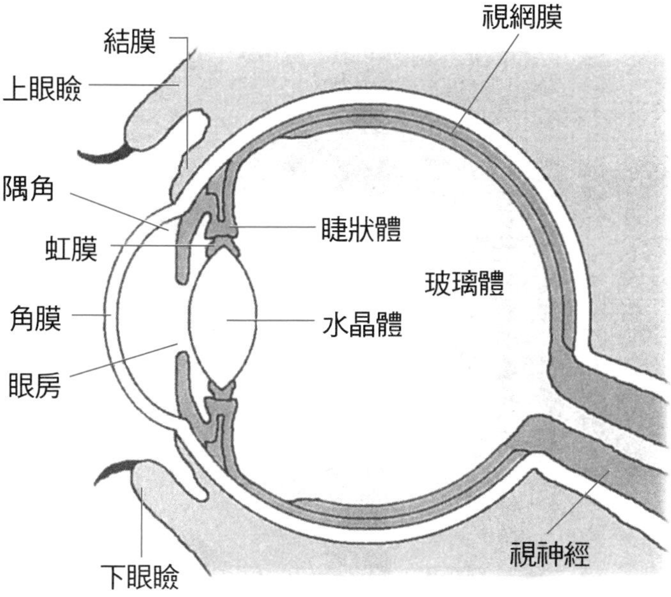

眼瞼內翻症

原因●受傷、神經麻痺或先天性的原因，造成眼瞼向內翻的疾病。

相反的，眼瞼向外翻的狀態稱為眼瞼外翻症。

症狀●睫毛會刺激角膜或結膜，引起慢性角膜炎或結膜炎。

治療●症狀輕微，可以仔細的拔除睫毛。內翻狀態嚴重時，需要實施外科手術。

預防●當眼屎或眼淚較多，要及時請獸醫治療。

容易罹患的犬種●愛爾蘭獵狼犬、大白熊犬、可卡犬、聖伯納犬、鬆獅犬、巴哥犬、蝴蝶犬、鬥牛犬、拉布拉多犬。

角膜炎・結膜炎

原因●角膜是覆蓋在眼球前方的透明膜，結膜是連接眼瞼背面和眼球的膜，當受到外傷、刺激物，或細菌、病毒感染時，就會發生炎症。

由於角膜和結膜都和外界接觸，容易沾染異物。當沾染異物時，為了想要排除而揉眼睛，也容易引發炎症。

症狀●由於十分搔癢，狗狗會不停的揉眼睛，而感到疼痛，眼淚直流，眼睛周圍一直都是濕濕的。

當角膜炎惡化，角膜會變白、變混濁，眼睛會發紅，角膜也可能出現潰瘍。

當發生結膜炎，眼瞼背面會紅腫、充血，很怕光，會出現濃汁般的眼屎，不久眼瞼也會腫脹。

治療●消除造成角膜和結膜受傷的原因，使用抑制炎症的眼藥水。受到感染時，需要使用抗生素。

當狗狗頻繁揉眼時，可以為狗狗戴上覆蓋臉部的器具，避免狗狗揉眼睛。

獸醫處方的眼藥，要按時使用。

預防●眼睛周圍多毛的犬種，很容易因為這些毛引起角膜炎或結膜炎。可以將眼睛周圍的毛剪短，避免進入眼睛。

當空氣乾燥，眼睛容易變得乾燥。尤其冬季是結膜炎的好發季節。眼睛較大，眼球突出的犬種必須經常檢查眼睛的狀況。避免房間乾燥，可以使用加濕機。

容易罹患的犬種●西施犬、迷你雪納瑞、臘腸犬、吉娃娃、鬆獅犬、巴哥犬、鬥牛犬、北京犬。

白內障

原因●水晶體原本是透明的，但構成水晶的蛋白質發生變化時，就會變得混濁。

除了老化，糖尿病、外傷、荷爾蒙異常、中毒等都會造成水晶體的異常。

如果狗狗在六歲前發病，通常是遺傳所致。

症狀●由於水晶體變得混濁，因此無法看清東西。正常的水晶體呈透明狀，外界的光線進入後，在視網膜上成像。但當水晶體變混濁時，外界的光無法通過，在視網膜上只能看到模糊的影像。

因此，走起路來會搖搖晃晃，經常撞到傢俱或是接不到玩具。

因為老化引起白內障，症狀會逐漸出現。

治療●使用藥物，避免進一步惡化。

當混濁十分嚴重，可以經由手術將水晶體取出。當取出水晶體後，由於無法對焦，所以視力會變差。

預防● 沒有特別的預防方法。

容易罹患的犬種● 所有老犬。

白內障的眼睛

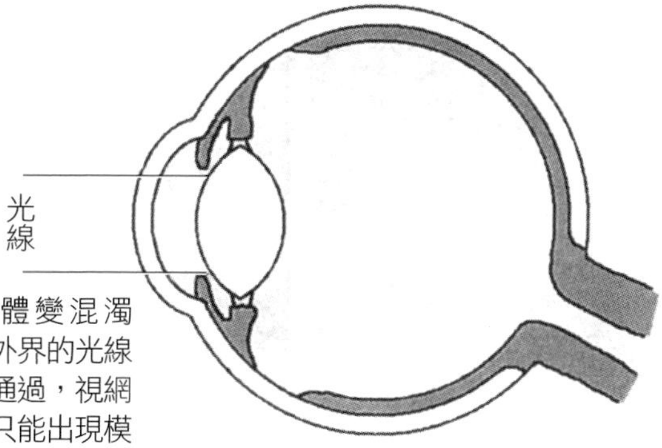

晶狀體變混濁時，外界的光線無法通過，視網膜上只能出現模糊的影像。

青光眼

原因● 眼球內部的壓力稱為眼壓。當眼壓較高時，會壓迫眼睛深處的視神經，影響視力。位於角膜和水晶體之間的眼房中充滿房水，當房水增加時，就會使眼壓升高。

眼房液是由睫狀體組成的，從後房流向前房，並從隅角排出，被睫狀體和虹膜吸收。但當隅角變窄（閉塞隅角）或隅角周圍出現異常（開永隅角）時，眼房液無法正常排出，導致眼房液增加，眼壓也會隨之升高。

症狀● 眼睛可能會變成綠色或紅色。當眼壓升高時，眼球看起來比較大，視神經和視網膜都受到壓迫，視野會變小，導致視力衰退。

治療● 為了促進眼房液排水，需要服用利尿劑或使瞳孔縮小的藥，也可以經由外科手術，做一條排出眼房液的通道。

容易罹患的犬種● 威爾斯柯基犬、吉娃娃、米格魯。

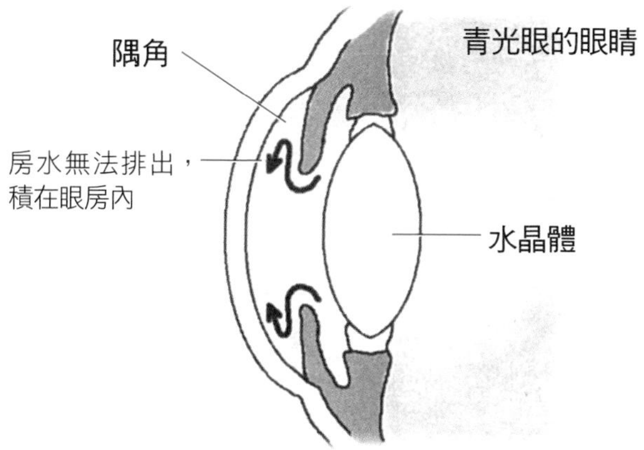

呼吸器官的疾病

狗的嗅覺十分靈敏，牠的嗅覺細胞是人類的五十～六百倍。

鼻炎

原因●鼻黏膜發生炎症稱為鼻炎，致病原因為細菌、病毒感染，也可能是吸入過敏原、廢氣或藥物等刺激氣味後，刺激鼻黏膜，引起炎症。

鼻子在吸氣時，除了吸入空氣外，還將灰塵、蟲子等各種東西帶入黏膜。仔細觀察鼻子，了解一下造成鼻炎的原因。

症狀●流鼻水和打噴嚏是主要症狀。嚴重時，會鼻水不止，並帶有膿狀的黏性。

當狗不時的舔鼻子時，就要特別注意。

當炎症惡化，造成鼻腔阻塞時，會導致呼吸困難。於是，就會張開嘴巴，拼命呼吸。

治療●使用抗生素或抗炎症藥進行治療。

如果是過敏引起，則要消除過敏原。

預防●如果是灰塵、黴菌引起的過敏性鼻炎，必須隨時保持狗屋的清潔。

容易罹患的犬種●所有犬種。

鼻竇炎

原因●在鼻腔內部，有一個構造複雜的空洞，稱為鼻竇。如果不及時治療鼻炎，就會引發鼻竇炎，造成鼻塞、呼吸困難。

牙齦炎和齒槽炎也會引發鼻竇炎。這是因為鼻竇炎位於上顎和臉骨之間，上顎的牙齒炎症很容易擴散到鼻竇。

症狀●會出現帶血的鼻水或帶有黏性的鼻涕。

當濃稠的鼻涕囤積在鼻腔時，鼻子上方會膨脹，感覺微微隆起。

鼻塞十分嚴重，會用嘴巴用力呼吸。

當鼻子疼痛時，就會用前腿不停揉鼻子。

如果不及時治療鼻竇炎，鼻竇中就會化膿，當膿累積時，就會變成蓄膿症。

治療●使用抗生素和抗炎症藥治療。膿十分嚴重時，可以用吸管吸

鼻子的構造

鼻子是重要的呼吸器官。在長長的鼻子深處，有許多空洞的複雜構造。只要增加鼻黏膜的表面積，就能促進鼻子功能。

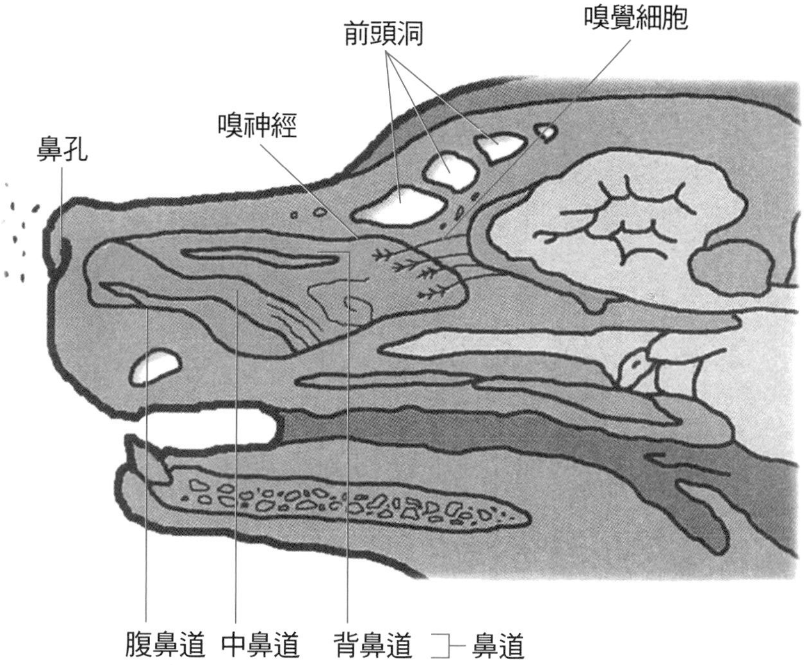

出後，清洗鼻子。

預防●及時治療鼻炎。如果有流鼻水或鼻塞現象時，不妨檢查一下，是否還有其他症狀。

容易罹患的犬種●所有犬種。

鼻腔狹窄

原因●先天性異常引起鼻腔過窄，常見於臉部較小的小型犬。

症狀●呼吸時，鼻子會發出聲音，或流鼻水。

運動後呼吸會急促，無法吸入充足的空氣，導致氧氣不足。

嚴重時，會導致缺氧狀態，舌頭會變成紫色。

治療●當對日常生活造成影響時，就要藉由手術擴張鼻腔。

預防●沒有特別的預防方法。

容易罹患的犬種●西施犬、巴哥狗、北京狗。

牙齒・口腔的疾病

現代講究美食的飲食生活，狗的牙齒變得脆弱，容易造成蛀牙。

口腔炎

原因●口腔黏膜發生炎症。

當銳利的異物進入口腔，使黏膜受傷，若是身體健康，傷口會立刻痊癒。當罹患疾病或體力衰退時，黏膜的抵抗力變差，就會引起炎症。

糖尿病、維他命不足、感染症、腎臟病等也會引起口腔炎。

症狀●口腔中長疹子、紅腫或潰爛，也會出現潰瘍。

口水流不停，並發出臭味。

狗會不停的用腳去抓嘴巴。

治療●原因不同，需要採取不同的治療方法。

受到細菌感染，使用抗生素治療。

在患部擦消毒藥或消炎劑。

如果是因為維他命不足所致，需要服用維他命。

預防●在日常生活中，保持口腔清潔。

容易罹患的犬種●所有犬種。

嘴角炎

原因●嘴唇發生炎症。

當嘴唇受傷、接觸到刺激物，或是過敏引起發炎，都容易受到細菌感染。

症狀●嘴唇會疼痛或搔癢，狗會不停的抓嘴巴周圍。嘴巴周圍容易掉毛，口腔會有異味。

治療●使用抗菌肥皂充分清洗患部，同時服用抗生素。

因為刺激或過敏引起，要先消除致病的原因。有時候，也可能因為餐具的材質引起過敏，導致嘴角炎。

預防●飯後，要檢查口腔及周圍，有污垢要用毛巾擦乾淨。

皺紋較多的短頭種或嘴唇下垂的犬種，比較容易罹患該病。

要隨時保持皺紋間和嘴唇背面的清潔。

散步時，嘴唇可能會沾到細菌，要避免靠近不乾淨的地方，也不要讓狗狗到處亂聞味道。

口腔的構造

狗有 42 顆牙齒。狗的牙齒稱為犬牙，原本是為了刺傷獵物或敵人。

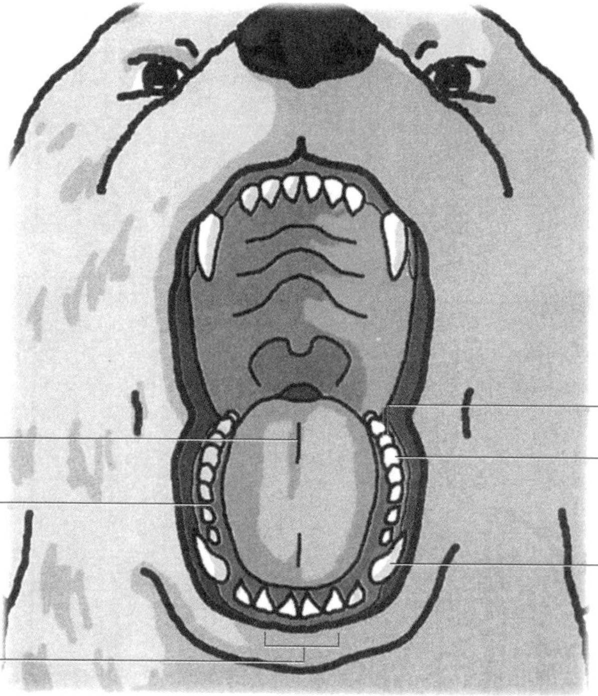

要隨時檢查口腔

隨時保持口腔清潔，有助於預防口腔和牙齒的疾病。

飯後要檢查口腔，每週要刷一次牙。可以使用市售的狗專用牙刷，也可以將紗布繞在手指上，為狗狗洗牙。

使用具有刷牙效果的玩具，狗狗就可以在遊戲的同時清潔牙齒。

要隨時檢查狗狗的口中是否有異味，是否流口水，口腔是否有紅腫等症狀。

容易罹患的犬種●可卡犬、西施犬、巴哥犬、聖伯納犬。

蛀牙

原因●牙齒表面的牙垢所含的細菌，會溶解牙齒表面的琺瑯質，而破壞象牙質和牙髓。

當細菌殘留在牙齒上的食物屑中增殖，就會形成牙垢。

症狀●當細菌進入牙髓時，就會接觸到神經，產生疼痛，因此狗會不停張嘴巴或用腳抓嘴巴。

牙齒會變成茶褐色，嘴裡會散發出異味，吃飼料也不如往常般順利。

治療●蝕至牙髓，必須將牙髓去除或將牙齒拔掉。

預防●養成刷牙習慣。口感柔軟的飼料容易造成牙垢，可以改吃硬的飼料，或餵以食物纖維，消除牙垢。

容易罹患的犬種●所有犬種、老犬。

牙根炎

原因●牙根發炎、化膿。

牙根炎是牙根受到細菌感染引起的。當咬硬物或受到重擊導致牙齒缺損，容易感染細菌。

症狀●由於會蓄膿，因此會產生異味，口水流不停，疼痛導致狗狗食慾不佳。

炎症嚴重，臉部會腫脹。

治療●使用抗生素、抗菌藥和抗炎症藥。也會拔牙或抽取骨髓後，用填充劑修補，抑制炎症。

預防●在日常生活中，除了口感柔軟的食物，也要餵以硬質食物，使牙齒更強健。

容易罹患的犬種●所有犬種。

牙齒的構造

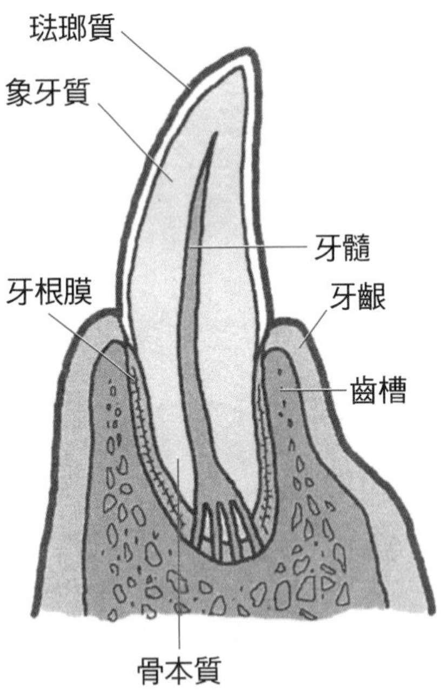

牙周病

原因● 包括牙齦炎和牙周炎。牙齦炎是牙齦產生的炎症，牙周病是牙齦炎擴散到牙膜或骨本質的疾病。

累積的牙垢是導致牙周病的原因。當細菌在食物屑上繁殖，就會形成牙垢，牙垢變硬時，就變成牙結石。當牙垢和牙結石增加，牙齒和牙齦之間就會產生縫隙。

細菌就會在縫隙中繁殖，導致炎症擴散。

症狀● 會大量流口水，嘴裡發出異味，牙齒會變成黃色或咖啡色，牙齦也會腫脹或出血。

由於牙周病會傷害支撐牙齒的組織，所以牙齒會鬆動，因此吃料的時間會變長，或是發生營養不足的現象。

牙周病惡化，上顎牙根後方的蓄膿會從眼睛下方流出。

治療● 消毒口腔，去除牙垢、牙結石和膿。清潔牙齒表面，避免牙垢堆積。

使用抗生素。

預防● 預防勝於治療。要用牙刷刷牙，定期清潔牙后和牙結石。

能夠早期發現，有助於早期痊癒，平時要隨時檢查。

容易罹患的犬種● 所有犬種。

牙周病的構造

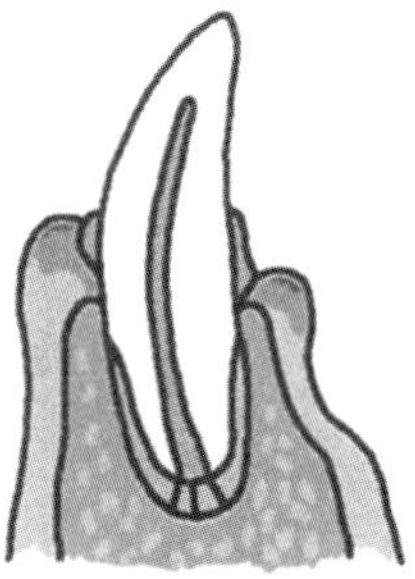

①牙垢堆積在琺瑯質上，變成牙結石。牙齦發生炎症。

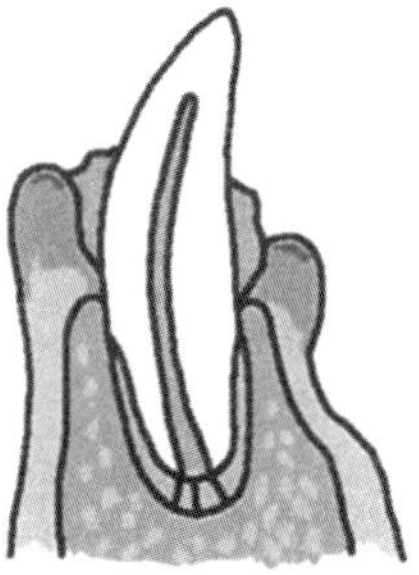

②炎症進一步惡化，牙齦腫起，也會有出血現象。

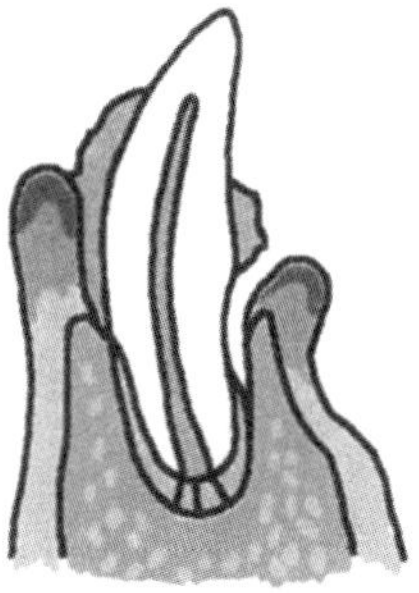

③牙齒和牙齦之間產生牙結石。

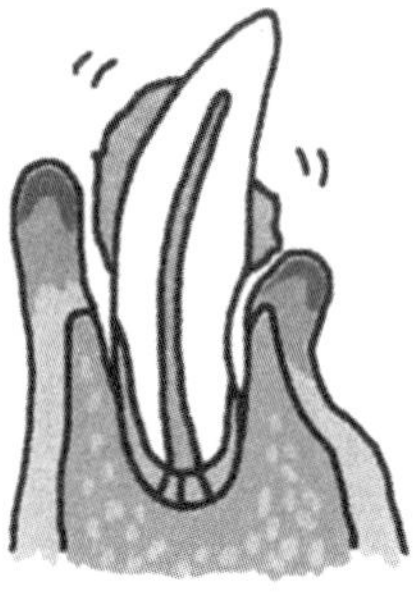

④齒槽遭到破壞，牙齒鬆動。

胃的疾病

食物或壓力都可能引起胃功能障礙。要努力維持規律的飲食生活。

胃炎

原因●胃黏膜發生炎症。

胃炎分為急性胃炎和慢性胃炎。

當攝取腐敗的食物或水，或是飲食過量，誤吞玩具等異物，都會引起急性胃炎。感染症或食物過敏，也會引起急性胃炎。

在吃雞骨時，咬碎的雞骨可能會刺傷胃黏膜，引起炎症。

當其他疾病影胃的功能，也會引起胃炎。

當造成急性胃炎的原因持續，長時間對胃造成負擔，就會造成慢性胃炎。

症狀●急性胃炎時，幾乎所有的狗都會不停的嘔吐。

會出現脫水、腹痛和腹瀉等症狀，甚至會出現混有血液的黏液。

由於胃會疼，所以會彎著背，或不喜歡被人摸肚子。

慢性胃炎，症狀並不明顯。

一般會出現食慾不振、沒有精神、不時嘔吐等症狀。

治療●首先要讓狗狗斷食。輕度胃炎，只要讓胃休息，就可以獲得改善。

如果是異物引起嘔吐，可以藉由腹瀉排出。

預防●避免餵狗狗吃不新鮮的食物。

要切實做好飲食管理，食物要放置在密閉容器中，確保衛生。同時要避免餵狗隨意吃藥、驅蟲劑、玩具或雞骨頭。

容易罹患的犬種●所有犬種。

胃潰瘍

原因●當胃炎發展至胃部的肌肉層，就會出現潰瘍，由於會產生深度傷害，所以會有出血症狀，進一步惡化時，會造成胃穿孔。

腎臟功能不全、腫瘤、肝臟功能不全的狗，容易發生胃潰瘍。

阿斯匹林和類固醇也容易引胃潰瘍。

症狀●頻繁的出現嘔吐，由於嘔吐

胃的構造

吃下的食物經由食道，到達胃部。食物藉由胃分泌的胃酸進行消化後，被送入小腸。

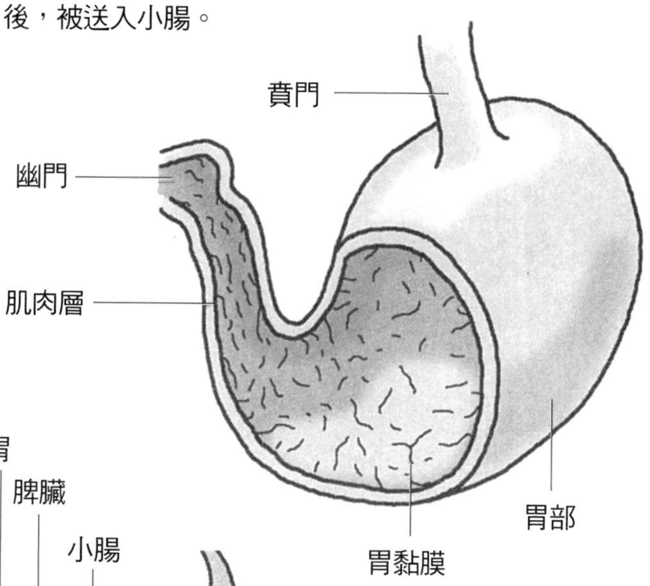

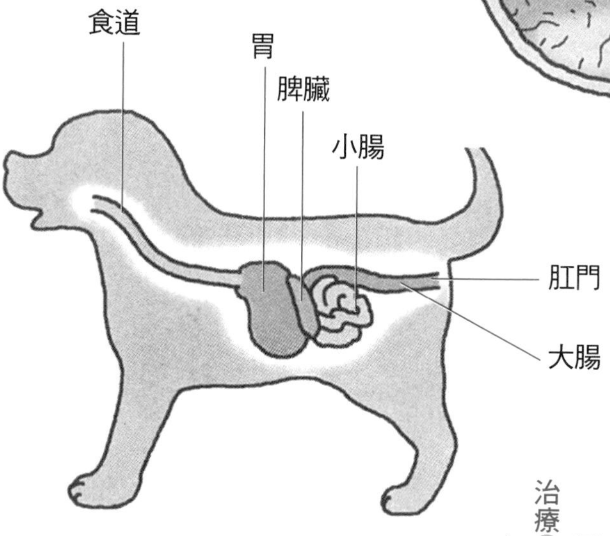

物中混有血液，而呈咖啡色。

糞便中也混有血絲，由於從胃出血到排出體外需要一定的時間，所以血液已經不是鮮紅色，而是變成焦油一樣的黑色。

此外，也會有發燒、腹痛、渾身無力的症狀。

胃穿孔甚至會引起死亡。

治療●使用抑制胃酸的藥物。病情惡化時，需要藉由手術切除已經潰瘍的部分。

因其他疾病引起胃潰瘍，必須針對致病原因加以治療。

預防●早期發現十分重要。狗狗嘔吐，一定要檢查是否有其他症狀，確認糞便和嘔吐物，並帶去動物醫院，請獸醫診斷。

容易罹患的犬種●罹患胃炎、腎臟功能不全、腫瘍、肝臟功能不全等疾病的狗。

胃扭轉

原因●胃發生扭轉的疾病。

當飲食過量後如果立刻運動，胃會產生扭轉，對心臟和肺部功能產生影響。嚴重時，可能導致死亡。

當吃了大量乾性飼料，又大量喝水時，乾性飼料就會在胃內膨脹，於是胃就會擴張。當發生胃擴張時，就會壓迫周圍的血管，影響血液循環。

在這種狀態下運動，胃就會發生扭轉。

症狀●腹部鼓起，呼吸困難。由於有腹痛現象，因此不喜歡別人摸牠腹部。

會產生大量唾液，想要嘔吐。若變得嚴重，會躺在原地不動。

治療●將導管（細管）插入胃中，取出胃中的食物。

當胃發生扭轉，無法插入細管，需要藉由剖腹手術將胃中的東西取出。

預防●由於該疾病常見於食慾旺盛的幼犬、大型犬、胸部厚實的狗，因此在日常餵食，要特別注意。

不要一次餵以太多飼料，飯後要休息一下。

容易罹患的犬種●秋田犬、大丹犬、可卡犬、貴賓犬、臘腸狗、巴吉度獵犬、拳師犬、威瑪犬。

以賁門和幽門為軸，扭轉 180 度

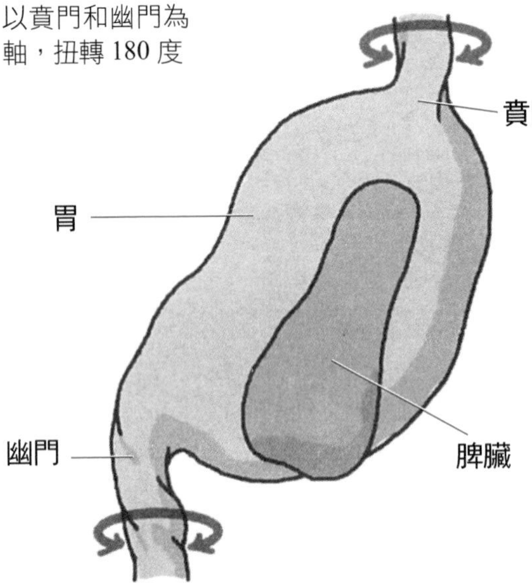

預防胃扭轉

- 飼料分 2、3 次餵
- 除了吃飼料，平時也要準備充足的水分
- 餵適當的量，避免過食
- 飯後避免激烈的運動

腸的疾病

糞便的狀況可以立刻反應腸的疾病。在日常生活中，要隨時檢查狗狗的糞便。

腸的構造

小腸吸收營養，大腸吸收水分，再以糞便的形式排出體外。

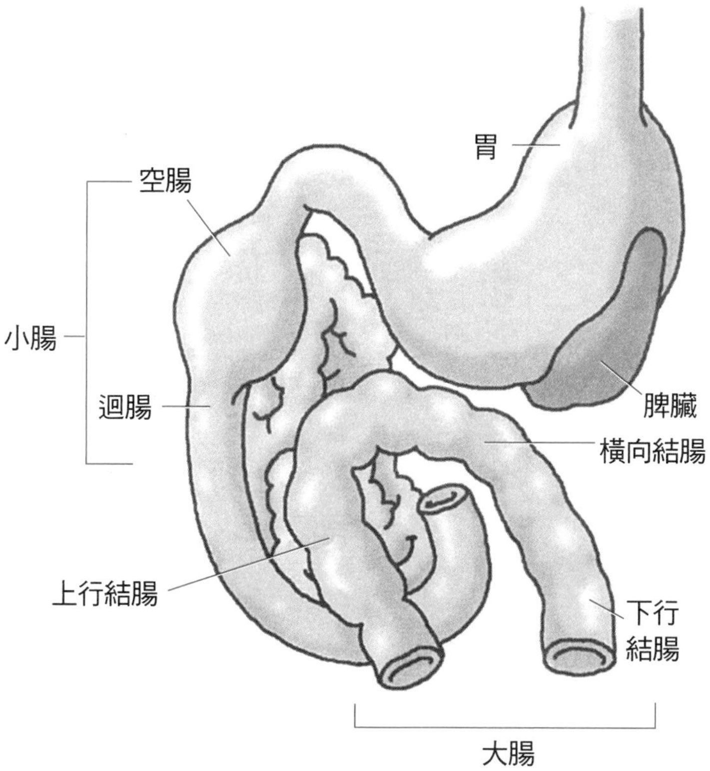

腸　炎

原因● 腸發生了炎症稱為腸炎。

食物過敏、寄生蟲、腫瘤等都可能導致腸炎。

症狀● 不停的嘔吐和腹瀉，腹部會發出聲音，口中會產生異味。

出現脫水症狀，沒有精神，不吃飼料，想要喝水。

治療● 確認是否還有其他症狀，如果是其他疾病引起的腸炎，必須針對該疾病進行治療。

若為寄生蟲引起，必須消滅寄生蟲。

預防● 從糞便的狀況，檢討飼料是否適合狗狗。

容易罹患的犬種●所有犬種。

腸阻塞

原因●造成腸阻塞的疾病，通常是誤吞球、塑膠等異物引起。

當腸或腸周圍的腫瘤壓迫腸時，會導致腸黏合在一起，造成腸阻塞。

便秘時，當硬便無法排出或寄生蟲結成一塊，也會造成腸阻塞。

症狀●會出現嘔吐、腹痛和無法順利排便的症狀。

由於無法順利排便，腸胃中容易脹氣。

當產生劇烈疼痛，由於疼痛難耐，狗狗經常彎著身體。

狗狗的精神很差，也沒食慾。

當完全阻塞，腸道完全靜止。這種狀態十分危險，必須立刻帶去動物醫院就醫。

治療●藉由手術將阻塞腸子的異物去除。

預防●避免在狗狗周圍放置危險物品，以免狗狗誤吞入口。

要糾正隨便撿東西吃的壞習慣。

容易罹患的犬種●所有犬種。

腸套疊

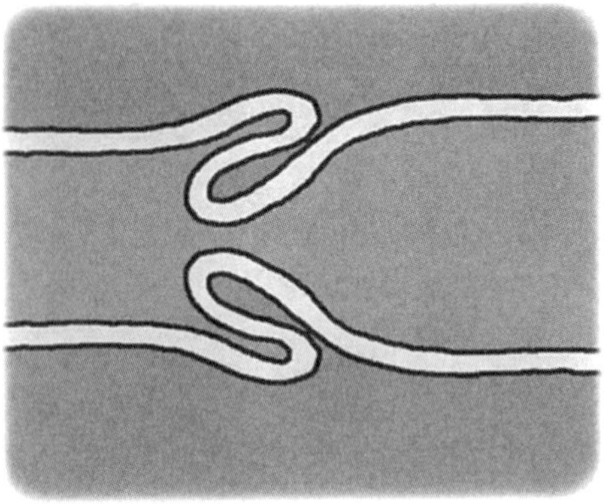

誤吞異物，造成十二指腸阻塞

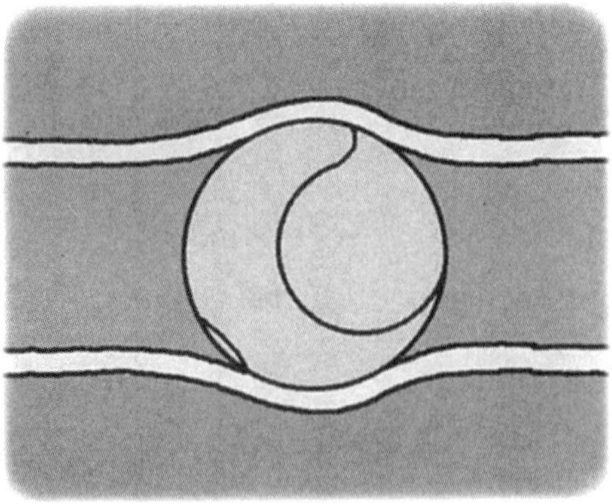

十二指腸位於胃的幽門後方，腸的入口位置

肛門的疾病

肛門被被毛覆蓋，如果不隨時保持清潔，容易繁殖細菌，引發疾病。

肛門 的構造

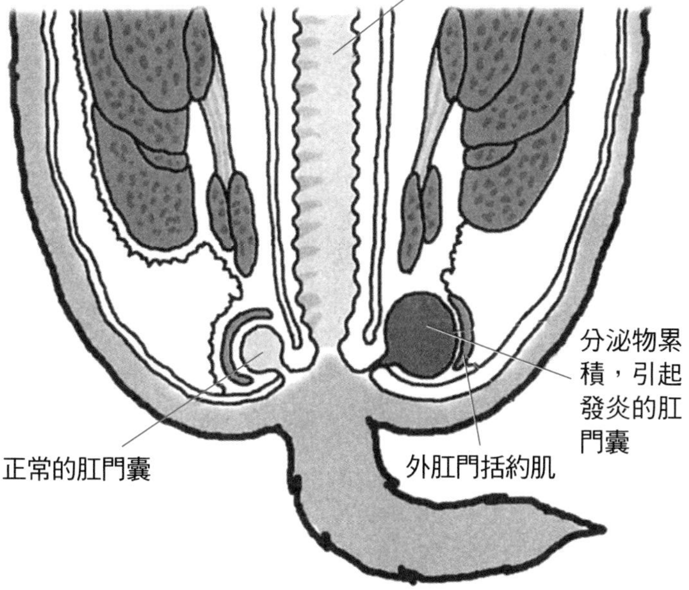

肛門腺炎

原因● 肛門腺是分泌肛門囊液的地方。當分泌液累積，受到細菌感染時，就會引起炎症。當發生炎症時，肛門囊內就會積膿、腫脹。

症狀● 狗狗會經常舔肛門，或將肛門在地面摩擦。

從表面也可以看到肛門腺腫脹。

治療● 將肛門腺內累積的分泌液或膿擠出。只要經常擠出，就可以改善。嚴重時，需要服用抗炎症藥。

預防● 定期擠出肛門囊內的分泌液，避免分泌液累積，也要修剪肛門周圍的毛。

容易罹患的犬種● 所有犬種。

肝臟的疾病

肝臟十分重要，即使發生障礙，也不會立刻出現症狀，因此必須格外小心。

肝炎

原因●肝臟細胞受到傷害或遭到破壞，引起炎症時，稱為肝炎。

受到病毒、細菌、寄生蟲的感染，或受到止痛藥、麻醉藥、荷爾蒙劑等藥物，以及銅、砷、水銀等化學物質影響，都可能引發肝炎。

如果急性肝炎沒有治好，就會發展為慢性肝炎，或是因為和急性肝炎相同的原因，慢性引發炎症。

症狀●食慾衰退、體力變差，經常腹瀉和嘔吐。

嚴重時，眼白部分會變黃，出現黃疸症狀。

若再惡化，肌肉會抽搐，引發痙攣等神經症狀。

慢性肝炎，並沒有明顯的症狀，也會出現食慾衰退、腹瀉、嘔吐等症狀。

有時候，病情也會在毫無症狀的情況下發展，這時，狗狗會不斷消瘦，腹中積水。嚴重時，可能致死。

治療●補充營養，注意休息，促進肝臟功能恢復。同時，要進行食物療法，補充優質維他命、糖質和蛋白質為中心的飼料。

慢性肝炎，如果不及時治療，會發展為肝硬化。除了注意休息外，還要進行食物療法。

預防●定期接受檢查。

容易罹患的犬種●所有犬種。

利用食物療法拯救肝臟

飲食對肝病很重要。豐富的營養可以為肝細胞補充營養，促進受到破壞的肝細胞再生。

每天要選擇低脂肪、高營養，含有豐富的優質蛋白質和維他命的飼料。可以餵少量去除脂肪部分的肉或魚。罹患肝病後，容易腹瀉和嘔吐，要減少脂肪和鹽分。蔬菜可以補充維他命，用熱水煮軟後餵給狗狗吃。當食物纖維過多，會對腸胃造成負擔，不妨選擇南瓜、胡蘿蔔和芋類食品。

可在獸醫的指導下，建立理想的食物療法計畫。

肝臟的構造

肝臟可以分解食的營養，合成狗狗所需的物質，也會分解對狗狗有害的物質。

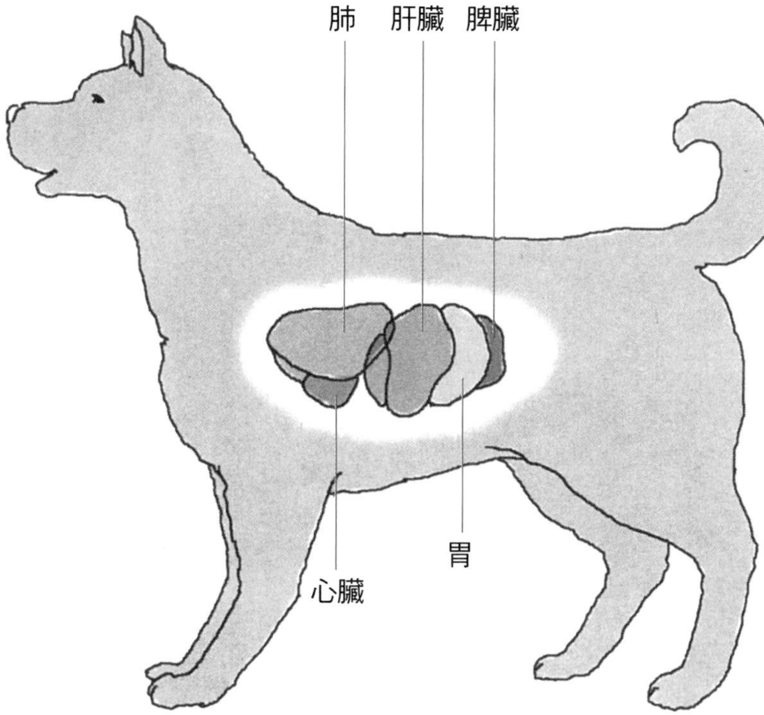

黃色是「肝臟不良」的訊號

眼白的部分變成黃色是黃疸症狀，黃疸是肝臟疾病的警訊。

當血液中的膽紅素的膽汁色素增加時，就會造成黃疸。膽紅素是膽汁的成分，會經由膽囊、腸道，隨糞便排出體外。當肝臟功能衰退時，膽汁就無法獲得充分利用。因此，血液中的膽紅素增加，眼白的部分會變黃，和排出深黃色的尿液。

肝硬化

原因●慢性肝炎會引起肝臟變質，肝臟機能衰退。

肝細胞受到破壞，纖維組織就會增殖、變硬。罹患心絲蟲症時，末期也會發生肝硬化。

症狀●體力衰退，逐漸消瘦。食慾會逐漸衰退，累積腹水，並出現黃疸。

同時，也會出現嘔吐、腹瀉和血便。腹水累積，就會產生腹痛，不喜歡被別人摸。

治療●罹患肝硬化，缺乏有效的治療方法，只能預防進一步惡化並緩和症狀。

要補充富含糖分、維他命等營養豐富的食物。

預防●及時發生慢性肝炎，避免肝硬化。

容易罹患的犬種●所有犬種。

肝因性腦病變

原因●由於向肝臟運送營養的門脈與靜脈相連，原本應該在肝臟內進行解毒的血液在未經解毒的情況下循環全身，造成含有有害物質的血液侵入大腦和神經，引起肝因性腦病變。

在正常的情況下，肝臟會將由與小腸連結，肝門動脈送來的血液進行解毒工作。

但當發生先天性異常，門脈會和靜脈相連，引起疾病。

症狀●會出現發育不全、體重減少、食慾不振和嘔吐等症狀，也會出現腹水累積、大量喝水，大量排尿的症狀。

一旦影響大腦，可能會引起麻痺、痙攣發作、運動失調和失明。嚴重時，會陷入昏睡狀態。

治療●藉由手術將門脈和靜脈恢復正常位置。

該疾病也可能造成肝臟損傷，需要使用藥物治療和飲食治療。

同時，要使用強肝劑、維他命劑改善肝臟功能。

飼料要餵以高蛋白的高營養飲食。

要控制脂肪和鹽分的攝取，並餵豐富的維他命。

預防●沒有特別的預防方法。

容易罹患的犬種●所有犬種。

肝臟是解毒的工廠

門脈連結肝臟和小腸，小腸的血液經由門脈送入肝臟。

由於這種血液中含有阿摩尼亞等有害物質，因此需要經由肝臟的「消毒」，才能變成乾淨的血液。

肝臟除了貯存身體攝取的營養以外，還可以對體內的毒物發揮解毒功能。

心臟的疾病

心臟擔負著血液循環的重要功能，當心臟發生障礙時，會對全身造成影響。

心臟的構造

心臟會將血液送至全身，再將全身循環後回到心臟的血液送至肺部。在肺部內，進行氧氣和二氧化碳的交換，將清潔的血液再度送至全身。

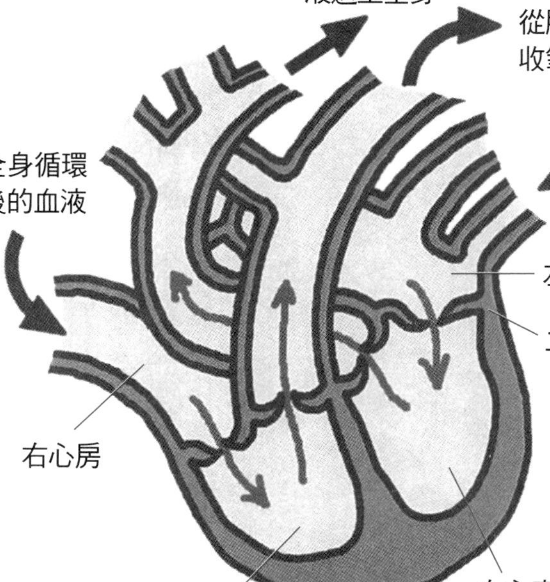

心臟功能不全

原因●心臟功能衰退的狀態。也會因為其他心臟病、心絲蟲症和肺部疾病、其他疾病和意外引起的出血，引發二度的心臟功能不全。

症狀●左心室和左心房的功能衰退時，肺部會積水，引起肺水腫。發生肺水腫，會導致呼吸困難和劇烈的咳嗽。

當右心室和右心房的機能衰退，腹部和腿部會出現浮腫，腹部和胸部也會積水，導致肝臟腫脹，尿量減少或腹瀉、便秘等症狀。

治療●使用有助於促進心臟功能的強心劑，並使用血管擴張劑擴張血管。

預防●沒有有效的預防方法。

容易罹患的犬種●罹患心臟病的狗。

二尖瓣閉鎖不全症

原因●位於心臟左心房和左心室之間的二尖瓣無法閉合，使一部分血液產生逆流，引發各種症狀。

心臟共有右心房和右心室，以及左心房和左心室四個空間，在每個空間之間都有瓣膜，避免血液逆流，位於左心房和左心室之間的瓣膜稱為二尖瓣。

當心臟收縮，二尖瓣會閉合，避免血液從左心室回到左心房。當二尖瓣變形或增厚，或是連結二尖瓣和心臟壁的組織斷裂，瓣膜就無法閉合。引起這種疾病的原因不明，年紀增加，罹患該疾病的機率就會增加。

症狀●由於血液會逆流，所以心臟會變大。當心臟肥大時，心臟的功能就會衰退，血液循環變差。

初期並沒有特別的症狀，但當血液逆流情況嚴重，由於全身的血液量減少，所以只要稍微運動一下，就會氣喘如牛。

當肺部會出現瘀血，出現肺水腫或肺功能衰退，就會很痛苦地咳嗽，尤在晚間至清晨時，咳嗽更加嚴重。若嚴重惡化，即使躺著休息，也會呼吸困難。所以狗會做出嘔吐的姿勢，用力咳嗽。

治療●使用強心劑加強心臟功能，並使用利尿劑減少體內多餘的水分，減少流入心臟的血液量。

同時，還要使用血管擴張劑擴張血管，減輕心臟的負擔。

預防●避免激烈的運動，減少對心臟造成負擔。

容易罹患的犬種●西施犬、吉娃娃、貴賓犬、博美犬、瑪爾濟斯、約克夏。

由於二尖瓣無法完全閉合，血液會從左心房向左心室逆流

心臟的構造和血液的循環

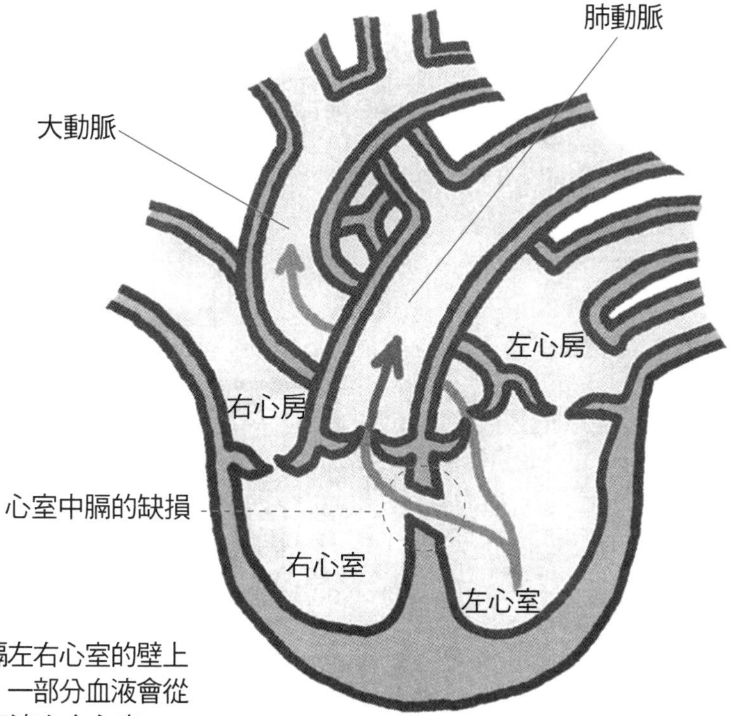

若區隔左右心室的壁上有洞，一部分血液會從左心室流向右心室。

心室中膈缺損症

原因●心臟的右心室和左心室間名為心室中膈的壁，若心室中膈上有洞，就是心室中膈缺損症。

於是，左心室的一部分血液會流向右心室，再從右心室經由肺部，流向左心房和左心室，血液循環的紊亂造成心臟肥大。

症狀●會產生呼吸困難和容易疲勞的症狀。

由於過量的血液送入肺部，會引起肺水腫，因此會出現乾咳症狀。

幼犬罹患該疾病，可能會影響發育。

治療●使用強心劑或利尿劑，加強心臟的功能，減輕心臟的負擔。

預防●無有效的預防方法。

容易罹患的犬種●西伯利亞雪橇犬、紐芬蘭犬。

泌尿器官的疾病

當腎臟功能不佳時，不僅無法順利排尿，還會對身體造成各種負面影響。

腎炎

原因●腎臟產生炎症，無法正常發揮過濾血液的功能。

病毒、細菌感染、子宮蓄膿症和蟯蟲等疾病，都可能引起急性腎炎。在多次發生急性腎炎後，發展為慢性腎炎。

症狀●尿量減少，顏色變深，也會出現血尿、浮腫和疼痛症狀。進一步惡化時，尿量會增加。

治療●缺乏根本的治療藥物。打點滴補充水分和營養，調整體內的水分，排出血液中的有害物質。

也能同時使用食物療法。

預防●為了預防細菌和病毒感染，必須注射疫苗。

容易罹患的犬種●所有犬種。

尿路結石症

原因●腎臟、尿管、膀胱和尿道總稱為尿路，當鈣、鎂、磷、尿酸等礦物質在尿路結晶化，形成結石，就稱為尿路結石症。

結石的大小不同，有像沙子般大小，也有大型結石。結石是在膀胱或腎臟形成的，結石會隨著尿液一起流動，在尿路的某個地方停止。目前對形成結石的原因還不清楚，但若罹患膀胱炎等感染症，分泌物和腫脹的組織容易形成結石。另外當水分過少，尿液會濃縮，也容易形成結石。飲食過量，過量攝取礦物質，也會成為結石的原因。

症狀●由於尿路被結石阻塞，所以會發生排尿困難。排尿次數會增加，或是做出排尿的姿勢，卻無法排出尿液。

膀胱內積起大量尿液，可以明顯看到膀胱膨脹。當疼痛嚴重時，狗狗會弓著背蹲在地上。

治療●取出結石。可以用藥物浴解結石、喝大量水，使結石隨尿液排出。嚴重時，必須藉由外科手術將結石取出。

預防●限制容易導致結石的礦物質攝取。同時要攝取大量水分，避免尿液變濃。

腎臟的構造

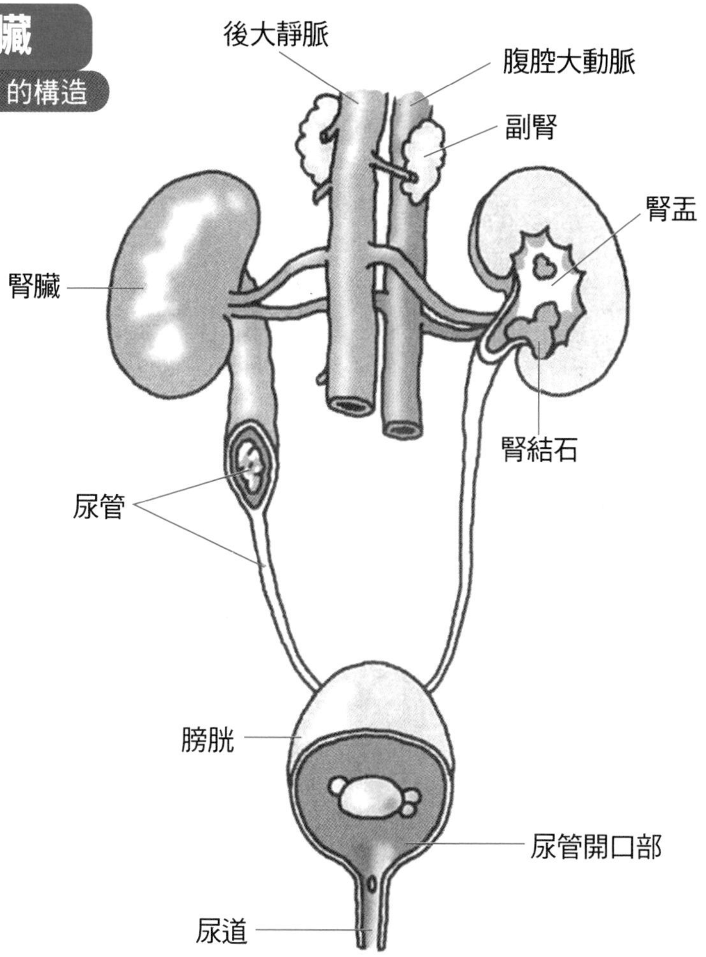

尿路形成的結石

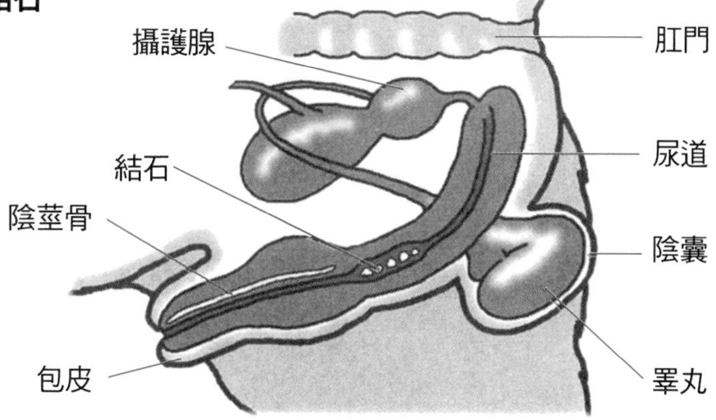

容易罹患的犬種●所有犬種。

腎功能不全

原因●腎臟功能衰退的狀態稱為腎功能不全。腎臟病、尿路結石症都可能引起急性腎功能不全。當腎炎惡化時，腎功能會逐漸衰退，變成慢性腎功能不全。當腎臟功能衰退時，無法將體內的代謝廢物和有毒物質排出體外。

症狀●急性腎功能不全，會出現食慾衰退、嘔吐、腹瀉的症狀，進而造成脫水。當體內有大量代謝廢物，會引起尿毒症。發生尿毒症時，原本應該被腎臟過濾的代謝廢物累積在血液中，會侵蝕神經，造成嘔吐、痙攣、體溫下降，甚至死亡。

慢性腎功能不全，會出現食慾不振、體力衰退、消瘦、大量喝水，大量排尿，以及嘔吐、腹瀉等症狀。

治療●藉由注射點滴和藥物增加排尿量，將體內的代謝廢物排出體外。慢性腎功能不全，要注射點滴，並實施以限制蛋白質和鹽分為中心的食物療法。蛋白質容易在體內變成代謝廢物，在腎臟功能衰退時減少蛋白質的攝取。

預防●腎炎必須早期發現，早期治療。

容易罹患的犬種●罹患腎炎的狗。

膀胱炎

原因●細菌感染引起膀胱炎。

膀胱受到從尿道入侵的細菌感染，發生炎症。

由於母狗的尿道比公狗短，細菌更容易進入膀胱，容易罹患膀胱炎。尤其當坐在地上時，肛門周圍的細菌很容易入侵尿道。

當身體狀況不佳、膀胱有結石，容易發生膀胱炎。

症狀●雖然尿量很少，但排尿次數頻繁。由於會有殘尿感，所以經常會做出排尿的動作。

由於膀胱發生了炎症，所以尿液會變成混有膿液的混濁色。嚴重時，會出現血尿。尿的味道十分強烈。同時狗狗會精神不濟，缺乏食慾。如果不及時治療，炎症會擴散到腎臟，引發腎盂腎炎、腎炎。

治療●服用對感染的細菌有效的抗生素。

預防●當尿液長時間停留在膀胱時，容易導致細菌增殖，心須讓狗狗多喝水、多排尿。

容易罹患的犬種●所有犬種。尤其是迷你雪納瑞，特別容易罹患膀胱炎，母狗比公狗更容易罹患。

喉嚨・肺部的疾病

當肺部和氣管發生障礙時，會出現咳嗽或呼吸困難。

肺・氣管的構造

從鼻子吸入的空氣經由氣管，最後到達肺部。在肺中，將血液中的二氧化碳和空氣中的氧氣進行交換。

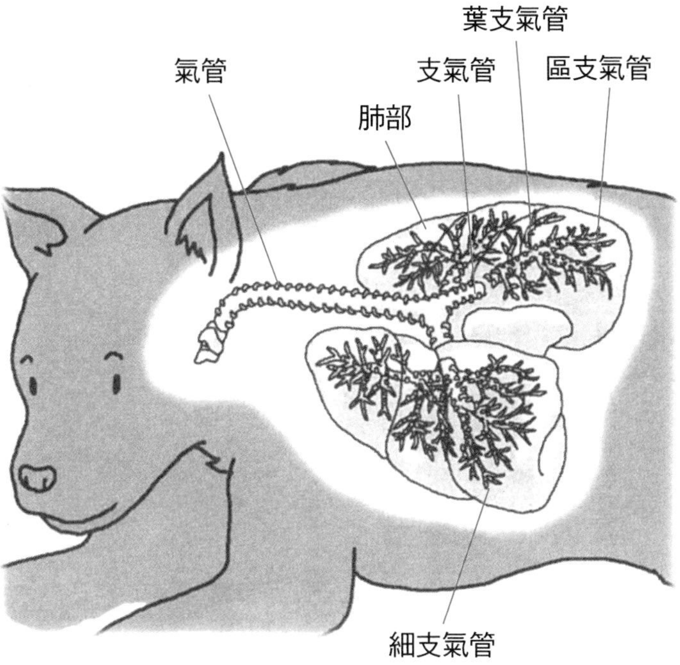

肺炎

原因●肺發生炎症稱為肺炎。

病毒、細菌和寄生蟲引起的感染症惡化，炎症擴散到肺部時，就是肺炎。

若吸入刺激性的氣體或藥品，也會引起肺炎。

症狀●會有咳嗽症狀，同時造成呼吸困難，發出很重的呼吸聲，還有發燒、不喜歡運動、缺乏食慾的症狀。

當肺部有多餘的空氣，空氣就會被壓至皮膚下方，造成皮下氣腫。

治療●使用抗生素和消炎劑抑制肺

部炎症。若呼吸困難，可以戴氧氣面罩。

預防●早期發現早期治療。

容易罹患的犬種●所有犬種。

氣管塌陷

原因●氣管是連接鼻子、口腔和肺部的空氣通道，當氣管受到壓迫，造成劇烈咳嗽或呼吸困難時，就稱為氣管塌陷。

氣管呈圓筒狀，外側是U字型的軟骨保護氣管。目前還不了解患病原因，但一般認為和遺傳、老化和肥胖有很大的關係。

症狀●當氣管受到壓迫，無法吸入充足的空氣，因此會經常咳嗽，之後就會討厭劇烈的運動。

在運動和興奮後，不妨仔細觀察一下，會出現咳嗽和呼吸困難的症狀。若有乾咳症狀，要特別小心。

若病情惡化，發作的時間會增加，舌頭和牙齦會因為氧氣不足變成紫色，這時必須立刻帶去動物醫院就醫。發作時，有時會有發燒的現象。狗是靠呼吸調節體溫，呼吸困難時，狗狗無法順利調節體溫，體內的熱量就無法散發。

治療●服用有助於擴張支氣管的支氣管擴張劑。再使用鎮靜劑、抗炎症劑、強心劑等藥物，緩和咳嗽和呼吸困難症狀。發燒時，可以用水沖身體，或用濕毛巾敷在身上，降低體溫。嚴重時，可以用塑膠管加強氣管通氣量。

預防●夏季是好發季節，必須調整環境，保持清涼，讓狗狗感覺更舒適。

容易罹患的犬種●西施犬、吉娃娃、貴賓犬、巴哥犬、鬥牛犬、北京犬、博美犬、瑪爾濟斯、約克夏。

注意狗狗的鼾聲！

呼吸困難時，會出現很重的呼吸聲。

許多飼主誤以為是狗狗在打鼾。

除了氣管塌陷的症狀會讓飼主誤以為狗狗在打鼾之外，軟口蓋過長症、支氣管狹窄，也會發生相同的情況。

如果發現狗狗在打鼾，先檢查是否罹患氣管塌陷。

肺水腫

原因●肺部的支氣管和肺胞積水腫脹。

結果導致支氣管的空氣無法暢通，無法順利在肺胞內進行氣體交換，呼吸變得十分困難。

支氣管炎、心臟病、吸入刺激性的氣體和藥品，都會導致肺水腫。

也可能是藥物中毒引起。

症狀●會出現呼吸困難、咳嗽症狀，還會流口水，張開嘴巴呼吸，坐立難安的四處走動。

治療●使用利尿劑消除肺部累積的水。

預防●早期發現、早期治療支氣管炎、心臟病。

容易罹患的犬種●罹患支氣管炎和心臟病的狗。

軟口蓋過長症

原因●喉嚨前方的軟口蓋天生過長引起。軟口蓋垂在喉嚨的入口，阻塞空氣的通道，而導致呼吸困難。

常見於短鼻吻的狗。

症狀●呼吸很吃力，發出很重的呼吸聲，並有咳嗽現象。

嚴重時，會發生呼吸困難，牙齦發紫。

治療●藉由外科手術將軟口蓋剪短。

預防●缺乏有效的預防方法。幼犬時就要特別注意，當激烈運動或飯後氣喘時，很可能罹患了軟口蓋過長症。

容易罹患的犬種●西施犬、巴哥狗、貴賓犬、北京狗。

短頭造成呼吸困難？

巴哥狗、西施犬、貴賓犬、北京狗的鼻子都很短，因此呼吸時，感覺很吃力，事實上，並非只有鼻子而已，喉嚨也是一大原因。

這些犬種的軟口蓋天生過長，容易阻塞空氣的通道，因此造成呼吸困難。

腦・神經的疾病

神經和大腦相連，遍布全身，若大腦和神經發生異常，會產生全身性的影響。

中暑

原因●在烈日下運動，或是長時間被關在密閉的房間、車內時，狗就會中暑。當體溫過高時，可能陷入休克。狗不會流汗，需要張開嘴呼吸調節體溫。當氣溫過高時，就無法靠呼吸調節體溫。

症狀●會有呼吸加速、流口水、意識不清、走路不穩，甚至無法動彈的症狀。

體溫會上升到40～41度，口腔黏膜會變成鮮紅色。

若症狀惡化，會吐出混有血絲的嘔吐物，並有腹瀉或痙攣症狀。

更進一步惡化，會出現血壓降低、心跳衰弱、呼吸不全，至陷入休克狀態。

治療●一旦出現症狀，要立刻帶往陰涼的地方降低體溫。可以用水沖身體或用冰塊放在身體上，然後帶去動物醫院。除了休息外，還要注射點滴，預防休克。

預防●要避免在烈日下運動，也不能把狗狗長時間放在密閉的、氣溫容易上升的場所。

夏天，要在清晨和傍晚以後散步，肥胖的狗和氣管短的短鼻吻的狗要特別注意。

容易罹患的犬種●肥胖的狗、西施犬、巴哥犬、鬥牛犬、北京犬、拳師犬。

冷卻身體，降低體溫

當出現中暑的初期症狀，必須在30分鐘至1小時內做適當的緊急處理，如果不及時急救，可能會致死，必須迅速搶救。

要用冷水或冰塊冷卻身體，用水沖身體，並用扇子等搧涼，藉由水分降溫，迅速降低體溫。

大腦 的構造

大腦通過神經控制身體各個部分的活動。

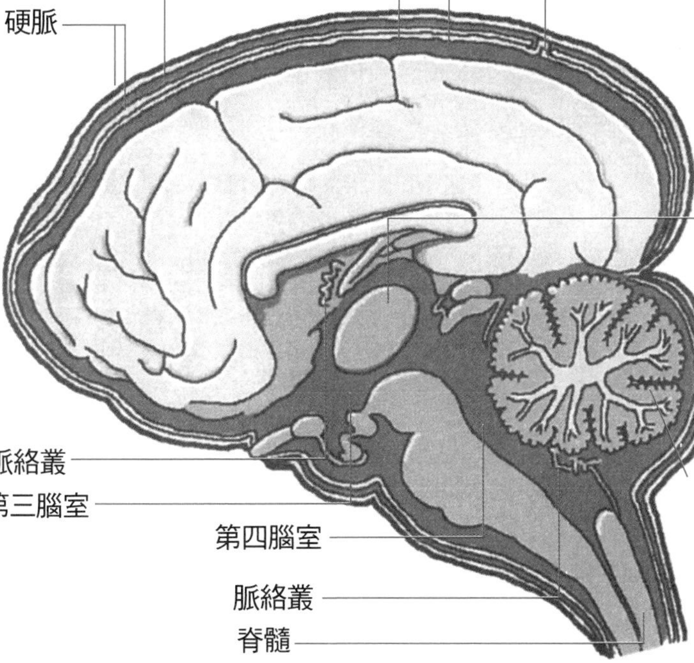

為不耐熱的狗狗採取對策

狗很不耐熱。酷熱時，狗的體力也會衰退，因此必須為牠做好抗暑對策。

在陽光強烈的時間，要避免帶狗狗外出，即使在樹下的柏油路仍然很燙，因此，飼主可以用手摸一下地面，確認是否太熱。

散步時，一定要帶水。除了餵狗喝水以外，還可以淋在牠身體上降溫。

市面上有販售裝有保冷劑的冰枕，可以妥善利用。

癲癇

原因●會引起痙攣發作的疾病。

當位於大腦前庭的神經細胞發生變化，可能會發生癲癇。腦部的炎症、腦腫瘤、腦部畸形、腦損傷、低血糖、肝病、腎臟病等各種疾病都會導致神經細胞發生變化。

除此之外，壓力、周圍環境的變化也會引起癲癇。

症狀●手腳僵硬，突然昏倒在地，躺在地上時，仍然會有腿部痙攣、下巴發抖的現象。

嚴重時，身體會扭曲，口吐白沫，神志不清。

輕度癲癇，發作經過1～5分鐘，就會恢復原狀。不斷嚴重發作會有生命危險。

治療●每天服用抗癲癇藥，抑制發作。

如果了解引起癲癇發作的腦部疾病或原因，必須針對該疾病加以治療。

預防●根據引起發作的情況，消除狗狗壓力的原因。

容易罹患的犬種●愛爾蘭蹲獵犬、威爾斯柯基犬、長毛牧羊犬、牧羊犬、喜樂蒂、臘腸犬、愛斯基摩犬、巴哥犬、米格魯、貴賓犬、拳師犬。

腦積水

原因●由於腦脊髓液增加，壓迫大腦所致。

位於頭蓋骨內部、名為腦室的空間充滿了腦脊髓液。因為某種原因導致腦脊髓液異常增加，就會發生腦積水。由於腦脊髓液會將腦室撐大，會壓迫腦神經，因此會引發各種障礙。目前對腦積水的原因還不明確，但一般認為是先天性的原因導致。當發生意外等頭部的外傷也會引起腦積水。

症狀●腦部不同部分受到壓迫，也會出現不同的症狀。

當大腦皮層受到壓迫，會出現癡呆、痲痺、運動失調和視力衰退等症狀，動作也會顯得遲鈍。

若大腦邊緣系受到壓迫，會出現行為異常，富有攻擊性；當間腦和視床下部產生障礙，對荷爾蒙分泌產生影響，會產生過食或厭食等食慾異常。

治療●降低腦壓，緩和腦受壓迫情況。使用副腎皮質荷爾蒙、降壓利尿藥，也可以使用外科手術降低腦壓。

無論使用哪一種方法治療，都很難治癒。

預防●缺乏有效的預防方法。

容易罹患的犬種●可卡犬、吉娃娃、鬥牛犬、瑪爾濟斯、約克夏。

骨骼・關節的疾病

骨骼和關節原本是堅硬的，但激烈的運動，會對骨骼和關節造成負擔，出現各種障礙。

骨骼的構造

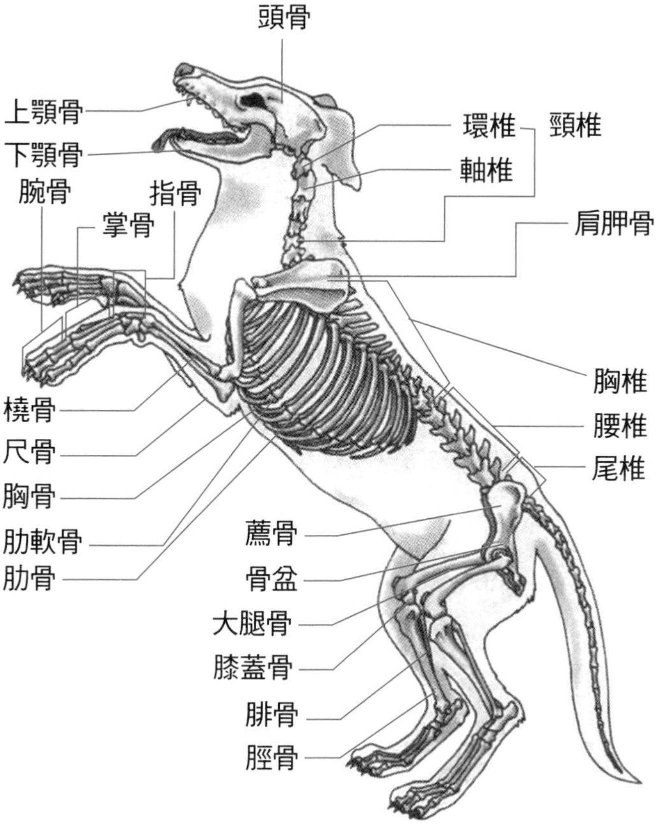

不明原因股骨缺血性壞死症

原因●大腿骨前端的血液循環變差，因此，骨骼會變形、壞死。一般認為是荷爾蒙、營養障礙和遺傳導致。出生後4～12個月的幼犬會罹患。

症狀●股關節無法正常活動，導致拖著後腿走路或是張開雙腿走路，如果不及時治療，會導致腿部肌肉萎縮，大腿骨變形。

治療●若病情惡化，必須切下壞死的大腿骨，調整關節，如果只有輕微症狀，可以在服用止痛藥後，限制運動。

預防●缺乏有效的預防方法。

容易罹患的犬種●西高地白㹴、巴

哥犬、迷你雪納瑞、約克夏。

椎間盤突起

原因●椎間盤受到擠壓，椎間盤內的軟骨外露，壓迫脊髓，引起各種神經障礙。當非常強的外力撞擊，或老化引起骨骼變形，都會引起椎間盤突起。

症狀●麻痺和疼痛為主要症狀。

軟骨壓迫不同的神經，引起的麻痺狀態不同。狗會出現走路不穩，拖著腿走路等行走的異常。

治療●輕微時，使用副腎皮質荷爾蒙和抗炎症藥進行治療。嚴重時，需要藉由外科手術取出軟骨。

預防●幼犬時，要避免對背部、腰腿造成負擔的運動和姿勢。

容易罹患的犬種●威爾斯柯基犬、可卡犬、西施犬、臘腸犬、米格魯、貴賓犬、北京犬。

股關節發育不全狀態

脊椎是由許多脊椎骨的骨骼相連而成。在脊椎骨和脊椎骨之間，是椎間盤的組織。椎間盤是在堅固的袋狀物中包覆著髓核的柔軟組織。髓核可以緩和外界的撞擊力，並使脊椎活動順暢。

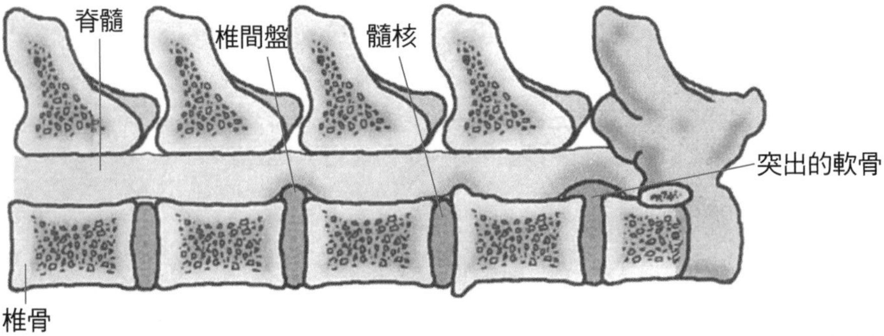

膝前十字韌帶斷裂

原因●前十字韌帶斷裂的疾病。

前十字韌帶是連結大腿骨和脛骨的二根呈十字交叉的韌帶中，靠外側的韌帶。隨著年齡增加，膝關節會變弱，或因為肥胖，對膝蓋造成很大的負擔，產生斷裂。

症狀●為了避免體重壓迫膝蓋，會將韌帶斷裂的腿抬起來走路。

如果不及時加以治療，關節會變形。

治療●藉由外科手術使關節保持安定。

可以將其他部位的韌帶移植，或強化關節周圍的組織，安定關節。

預防●避免肥胖，減少體重對關節的負擔。也要注意運動不足的問題，適度的運動有助於鍛鍊關節和肌肉。

容易罹患的犬種●老犬或肥胖的狗。

股關節發育不全

原因●骨盆的關節窩與大腿骨頭無法順利連接，使關節完全錯位或即將錯位的狀態。

先天性骨骼發育異常或在成長期，體重增加超過標準，使骨骼成長跟不上肌肉成長的速度，就會發生疾病。

症狀●在出生後10個月左右，會逐漸出現異常。走路時會搖動腰部，或內八字走路跟跑的時候，會將後腿併攏。

治療●服用止痛藥和抗炎症藥，並限制運動，進行體重管理。

步行障礙嚴重，需要手術治療。

預防●避免會對關節造成負擔的運動及肥胖。

容易罹患的犬種●威爾斯柯基犬、大白熊犬、黃金獵犬、喜樂蒂、柴犬、西伯利亞愛斯基摩犬、聖伯納犬、鬥牛犬、拉布拉多犬。

股關節發育不全狀態

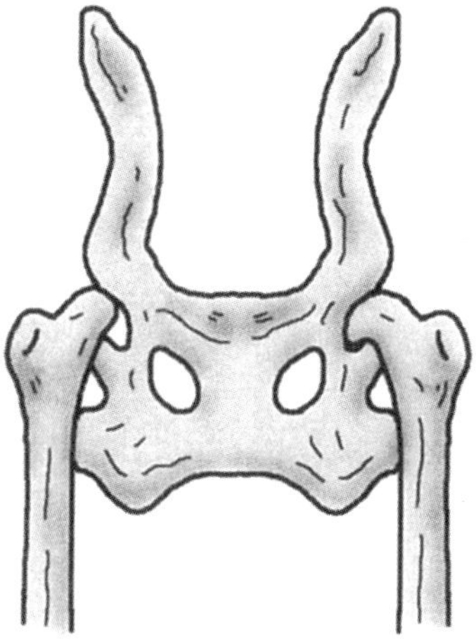

股關節是由大腿骨頂端的圓形部分卡在骨盆的臼狀關節窩內，進行自由的活動腿部。當骨盆的關節窩太淺，或是大腿骨頭部的圓度不夠，就無法順利「卡位」，而引起障礙。

從背後看狗狗走路，有扭腰或極端的內八字。

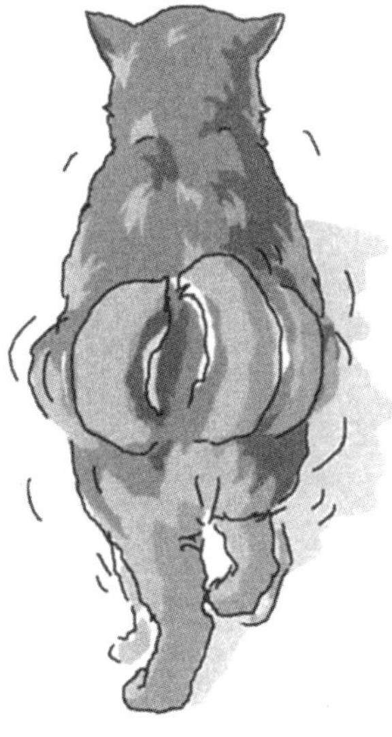

內分泌的疾病

當荷爾蒙分泌過剩或過多時，就會引發身體的異常和障礙。

糖尿病

原因●血液中所含的糖（葡萄糖）異常增加的狀態。

血液中的糖是食物的代謝產物，是大腦和肌肉的能量來源，未被使用的糖就會變成脂肪細胞，累積在體內。這時，胰臟分泌胰島素的荷爾蒙，會處理這些糖分。當胰島素的功能異常，或是分泌量減少，就無法代謝糖分，造成血糖值增加。糖分會隨著尿液一起排出體外。

胰的疾病、病毒感染、過食、運動不足和肥胖都可能引起糖尿病。

症狀●持續高血糖狀態時，糖分無法轉化成能量，因此狗狗雖然吃得很多，卻不斷消瘦。會大量喝水大量排尿。若病情惡化，會引發白內障和腎炎，也容易受到細菌和病毒感染。

治療●當胰島素分泌量減少時，可以注射胰島素補充，注射治療必須持續一輩子。

如果是胰島素的功能不佳，必須實施限制每天熱量攝取的飲食療法。

預防●避免飲食過量、運動不足。每年去動物醫院接受血液檢查，確認狗狗的血糖值。

容易罹患的犬種●黃金獵犬、薩摩耶犬、臘腸犬、拉布拉多犬。

尿崩症

原因●大腦視床下部所製造，貯存在腦下垂體內的抗利尿荷爾蒙無法正常發揮功能的狀態。該荷爾蒙可以根據體內的水分量，控制尿量。

當視床下部或腦下垂體發生腫瘤或炎症，會影響荷爾蒙發揮正常功能。

症狀●大量喝水，大量排尿。

治療●限制喝水量，會引起脫水，因此必須讓狗狗喝水。

針對患病的原因加以治療。

預防●缺乏有效的預防方法。

容易罹患的犬種●所有犬種。

荷爾蒙 的構造

身體的腺體，會分泌不同的荷爾蒙。荷爾蒙可以促進、維持身體的成長，並有助於調控情緒。

腦下垂體
抗利尿荷爾蒙（調整尿量）
成長荷爾蒙（促進成長、增加血糖值）
甲狀腺刺激荷爾蒙（使甲狀腺分泌荷爾蒙）
生殖腺刺激荷爾蒙（促進精子的合成，卵胞發育和乳腺發達）
副腎皮質刺激荷爾蒙（使副腎皮質分泌荷爾蒙）
催產素（促進子宮收縮和乳汁分泌）

副腎
腎上腺素（增加脈搏，使血糖上升）
電解質腎上腺皮質激素（調整血液中的電解質平衡）
糖質腎上腺皮質激素（使血糖值上升，對抗壓力）

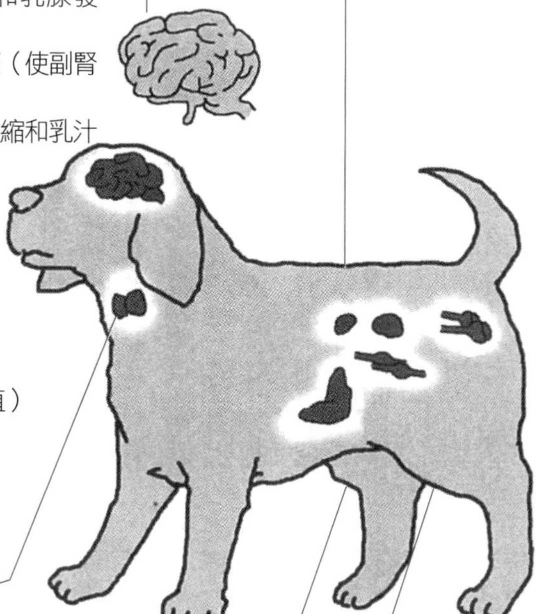

胰臟
胰島素（降低血糖值）

甲狀腺和上皮小體
甲狀腺素（促進新陳代謝，促進毛皮生長）
甲狀腺降鈣素（促進骨骼吸收鈣質）
上皮小體荷爾蒙（將骨骼中貯存的鈣質釋放在血液中）

精巢
雄激素（促進性器官發育）
卵巢
黃體酮（維持懷孕）
雌激素（使子宮黏膜充血、肥大）

副腎皮質機能亢進症

原因●也稱為庫興氏症候群，副腎過剩分泌荷爾蒙。

受到腦下垂體形成的腫瘤的影響，使副腎受到刺激所致。

治療過敏性疾病時使用的類固醇也可能引發該疾病。

症狀●大量喝水，尿液量增加。身體左右對稱的掉毛，毛皮的光澤變差。

治療●類固醇引起異常，可以減少藥劑量。如果因腫瘤引起，可以藉由外科手術切除腫瘤。

使用降低副腎皮質機能的藥物。

預防●缺乏有效的預防方法。

容易罹患的犬種●臘腸犬、米格魯、貴賓犬、拳師犬、波士頓獵犬、博美犬、約克夏。

甲狀腺機能亢進症

原因●甲狀腺荷爾過剩分泌所致。

甲狀腺腫瘤、遺傳因素以及荷爾蒙異常、壓力都可以致病。

相反的，當甲狀腺萎縮或受到破壞，導致甲狀腺荷爾蒙分泌衰退時，稱為甲狀腺機能亢進症。

症狀●罹患甲狀腺機能亢進症，容易興奮，心情無法平靜。雖然食慾正常，卻不斷消瘦，大量喝水，大量排尿。罹患甲狀腺機能亢進症時，狗狗的體力變差，不喜歡運動和散步。

治療●使用抗甲狀腺藥，抑制荷爾蒙過剩分泌。罹患甲狀腺機能亢進症時，要服用甲狀腺荷爾蒙。

預防●缺乏有效的預防方法。

容易罹患的犬種●愛爾蘭蹲獵犬、阿富汗獵犬、黃金獵犬、臘腸犬、貴賓犬。

上皮小體機能亢進症

原因●位於甲狀腺表面和內部的上皮小體的機能亢進，導致鈣質代謝出現異常。上皮小體控制鈣質的濃度，當鈣質不足，會促進分泌。當上皮小體受傷或受到細菌感染、形成腫瘤，上皮小體機能衰退，稱為上皮小體機能亢進症。

症狀●罹患上皮小體機能亢進症，會大量喝水，尿量也會增加。

狗狗會情緒焦躁，變得很神經質，骨骼也變鬆脆。

治療●罹患亢進症，需要使用營養均衡的飲食療法加以治療。衰退症，需要服用鈣，或服用有助於促進鈣質吸收的維他命D。

預防●注意營養均衡。

容易罹患的犬種●迷你雪納瑞、貴賓犬、拉布拉多犬。

癌症

由於狗的高齡化和生活環境的改變，罹患癌症的情形日漸增加。一旦發病，很難治癒。

癌細胞的構造

與癌細胞增殖有關的遺傳因子，若受到很大傷害，抑制癌症的遺傳因子和修復酵素遺傳因子無法發揮功能，癌細胞就會增殖。

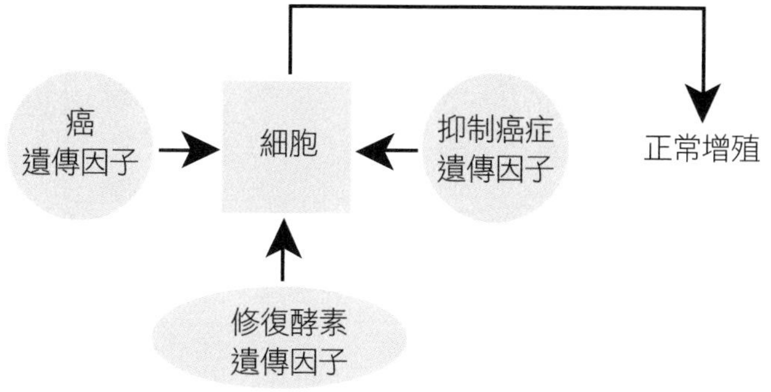

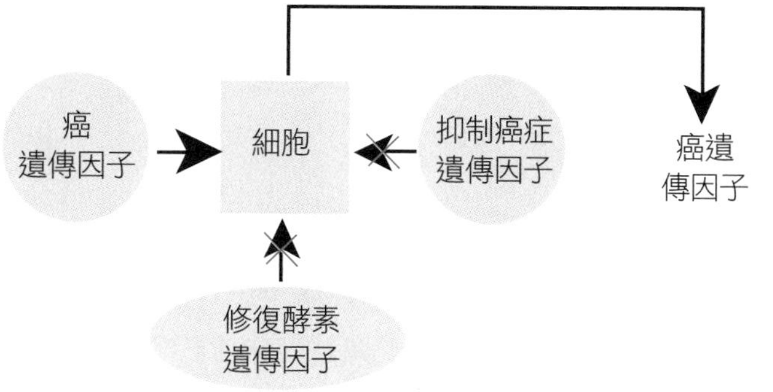

乳癌

原因●乳房出現腫瘤，惡性和良性的比例各半。一般認為，乳癌和雌性荷爾蒙有很大的關係。

症狀●乳房出現硬性，良性腫瘤時，會慢慢變大。惡性腫瘤，會在1～2個月的時間內大一倍。硬塊的部分會很熱，潰爛、出血和化膿，也會發出異味。

治療●必須動手術切除。

　癌細胞可能會轉移到淋巴結，所以，要連同淋巴結一起切除，同時要使用抗癌劑進行治療。

預防●定期檢查乳房。

容易罹患的犬種●母犬。

腹腔腫瘤

原因●消化器官、肝臟、腎臟、卵巢、子宮、膀胱等腹部發生的癌症。目前還不了解致病原因，但一般認為和飲食生活、壓力等生活環境有很大的關係。

症狀●發生癌症的部位不同，會出現不同的症狀。罹患癌症器官的功能衰退，無法順利控制身體，進而對全身產生不良影響。

胃癌會引起嘔吐或吐血；肝癌會引起食慾衰退、腹部隆起；膀胱會排出血尿；子宮癌會有分泌物，腹部腫脹，並有嘔吐現象。

治療●手術切除腫瘤。同時使用抗癌劑進行治療。早期發現，及時手術切除，有機會痊癒。

預防●定期接受檢查，以便早期發現。

容易罹患的犬種●所有犬種。

口腔癌

原因●口腔黏膜、牙齦、舌頭等部位的腫瘤。致病原因不明。

症狀●不同種類的腫瘤會有不同的症狀，但都會有流口水、有異味和出血症狀，吃東西時也很不順暢。

若有黑色素瘤，稱為惡性黑色腫瘤，轉移的可能性很高。

當口中潰爛、產生潰瘍，就是扁平上皮細胞癌。由於表面很弱，很容易出血，若進一步惡化，會轉移到淋巴結。罹患纖維肉瘤時，會有肉瘤般的隆起。

治療●切除腫瘤治療。如果不及時治療，可能會轉移到顎骨，所以，也要切除一部分顎骨。

預防●隨時檢查口腔，在日常生活中，要經常刷牙，以便早期發現。

容易罹患的犬種●所有犬種。

骨癌

原因●骨骼的癌稱為骨癌。原因不明。

症狀●即使沒有外傷，也會有腳腫，拖著腳走路，或是走路樣子很奇怪。

骨癌很可能轉移到其他內臟器官。

罹患軟骨癌，關節會腫脹，走路很不方便。

由於會疼痛，所以會發出哀叫，或是不喜歡被別人摸。

治療●骨癌很容易轉移到其他內臟，通常需要截肢。

預防●平時注意狗狗的走路樣子。

容易罹患的犬種●大型狗。

皮膚癌

原因●皮膚隆起或有大小不一的硬塊，是最常見的皮膚癌。

隨著年齡的增加，預防癌症發生的「抑制癌症遺傳因子」的功能逐漸衰退。因此狗的年齡增加時，發病率也會增加。

症狀●發生硬塊是最典型的症狀。

皮脂腺癌是皮脂腺上所發生的癌，所以患部周圍會掉毛。

扁平上皮細胞癌是製造皮膚和黏膜的細胞的癌化，通常發生在耳朵和鼻尖。

肥胖細胞癌除了會發生硬塊，還會引起胃潰瘍、循環功能不全等休克症狀。

肥胖細胞癌除了會發生硬塊，還會引起胃潰瘍、循環功能不全等休克症狀。

腺癌常見於肛門周圍、耳朵內側、鼻腔、直腸等部位。硬塊會突然變大，直徑為1～2公分，表面發生潰爛。

肛門纖維瘤是肛門周圍出現像青春痘般的顆粒，當腫瘤變大，會影響正常排便。狗因為覺得不舒服，會自己舔臀部，或用臀部摩擦地面。

治療●手術切除腫瘤。當腫瘤太大或轉移時，無法做切除手術。

若無法手術切除，需要採取放射線療法和抗癌劑治療。

預防●只要早期發現。有可能會痊癒。必須隨時注意皮膚變化，毛皮較多的狗不容易看到皮膚，可以將毛皮撥開，檢查皮膚的狀態。

若發現皮膚有問題，要立刻帶去動物醫院就診。

容易罹患的犬種●所有犬種。其中，英國蹲獵犬、拳師犬、波士頓獵犬，較容易罹患肥胖細胞瘤。

引起癌症的主要原因

遺傳

繼承癌遺傳因子時，發病機率增加。

老化

抑制癌症的遺傳因子的功能衰退。

荷爾蒙

一般認為，乳癌和肛門周圍的腫瘤和荷爾蒙有密切的關係。

化學物質

二手菸、廢氣等化學物質容易致癌。

紫外線、放射線

一般認為和皮膚癌有密切關係。

過敏性疾病

受到飲食和生活環境的影響，過敏性疾病大為增加。

吸入性過敏

原因●從鼻子或口腔吸入致病的過敏原。

症狀●皮膚上會出現紅色疹子及紅腫現象。雖然全身都會有這些症狀，但腳部、腋下、腹部的症狀更明顯。

由於會感到搔癢，狗會自己舔或抓患部，導致掉毛。

治療●找出過敏原善生活環境。

預防●缺乏有效的預防方法。

容易罹患的犬種●西部高地白㹴、黃金獵犬、西施犬、牧羊犬、柴犬、米格魯、拉布拉多犬。

接觸性過敏

原因●接觸過敏原，導致紅腫或濕疹。

項圈、餐具或傢俱也可能成為狗狗的過敏原。

症狀●接觸過敏原後，全身都會出現症狀。

治療●找出過敏原，避免狗狗接觸。

預防●避免將狗狗過敏原的物質放在牠周圍。

容易罹患的犬種●西部高地白㹴、黃金獵犬、西施犬、牧羊犬、柴犬、米格魯、拉布拉多犬。

食物性過敏

原因●攝取成為過敏原的食物引起。不同的狗可能分別對肉、小麥或雞蛋過敏。

症狀●耳朵、頭部、嘴巴周圍等以頭部為中心出現搔癢和紅色疹子。

由於會感到搔癢，所以狗會舔或抓患部，導致掉毛。

治療●檢討飲食生活，找出過敏原食物。改變飲食，讓狗狗吃其他的飼料。

預防●避免讓狗狗吃過敏食物。

容易罹患的犬種●西高地白㹴、黃金獵犬、西施犬、牧羊犬、柴犬、米格魯、拉布拉多犬。

過敏

的機制

- 過敏原（抗原）進入體內
- 為了非出過敏原，體內產生抗體
- 當過敏原再度進入時，就會和抗體結合。反應導致肥胖細胞活化。
- 淋巴細胞釋放出引起發炎的物質，引起皮膚炎。

什麼是 IgE 抗體

針對過敏原（抗原）所產生的「免疫球蛋白」。IgE 抗體可以刺激淋巴細胞的活性，增加免疫功能。因此會產生「組織胺」、「白三烯素（leukotriene）」等引起搔癢和發炎的物質。

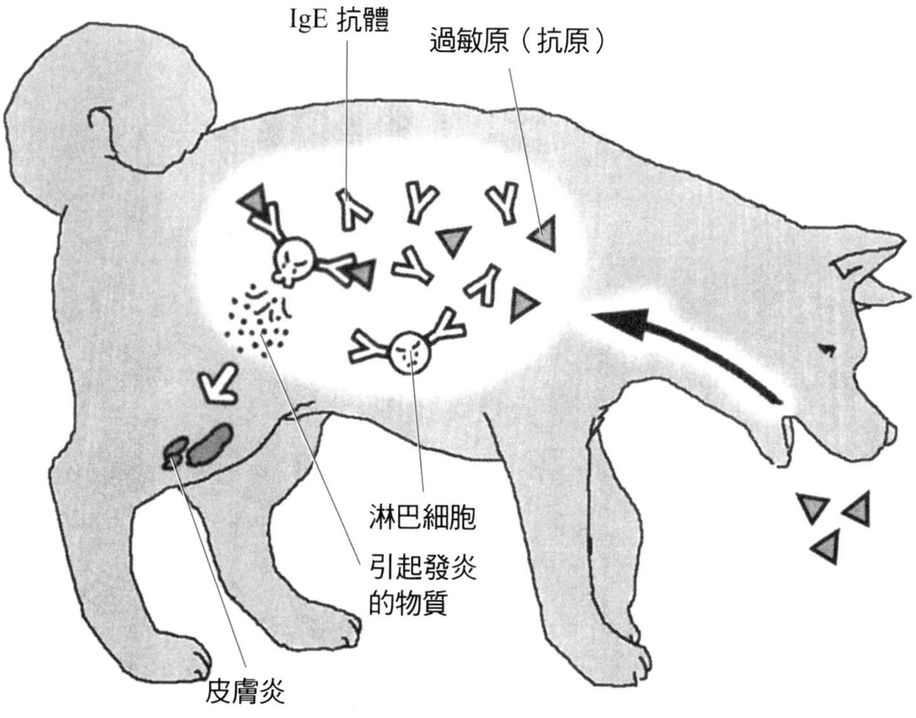

公狗的疾病

隨著年齡增加，荷爾蒙容易失衡，公狗的睪丸和攝護腺也容易罹患疾病。

隱睪症

原因●在母胎中時，公狗的睪丸位於腎臟後方，快誕生時，會逐漸向下移動，在出生滿月後，會進入肛門附近的陰囊。當睪丸沒有向下移動，停留在腹部和大腿根部時，稱為隱睪症。

精子的製造要低於體溫，因此，如果睪丸沒有在陰囊內，生殖機能無法正常發揮作用。該疾病和荷爾蒙和遺傳有很大的關係。

症狀●當只有一側的睪丸為隱睪症，另一側睪丸在正常位置，不會影響生殖機能，也不會有其他明顯的症狀。

隱睪症容易成為睪丸腫瘤的原因。睪丸腫瘤細胞異常增殖引起的疾病，會使睪丸腫大。睪丸腫瘤大部分都是良性的，但偶爾也會因為其他內臟癌的癌細胞轉移引起的惡性腫瘤，必須警惕。

治療●如果只有隱睪症的症狀，不需要特別治療。但由於容易發展為腫瘤，必須定期接受檢查，並視實際狀況，接受絕育結紮手術。

預防●缺乏有效的預防方法。

容易罹患的犬種●英國可卡犬、絲毛㹴、博美狗、湖畔㹴等犬種的公狗。

精子在睪丸內製造

睪丸包覆在陰囊內，呈下垂狀態。當睪丸位於身體外側時，精巢可以保持低溫，有助於製造精子。

睪丸中製造的精子貯存在位於睪丸後方的副睪丸中，必要時，經由尿道射精。

射精時，會和攝護腺所分泌的攝護腺液混合。攝護腺液是精子存活不可或缺的營養。

公狗 生殖器 的構造

在交配時，位於陰莖根部的陰莖球體會膨脹，使陰莖不會輕易脫離陰道。當陰莖無法輕易脫離陰道時，代表射精時間較長。

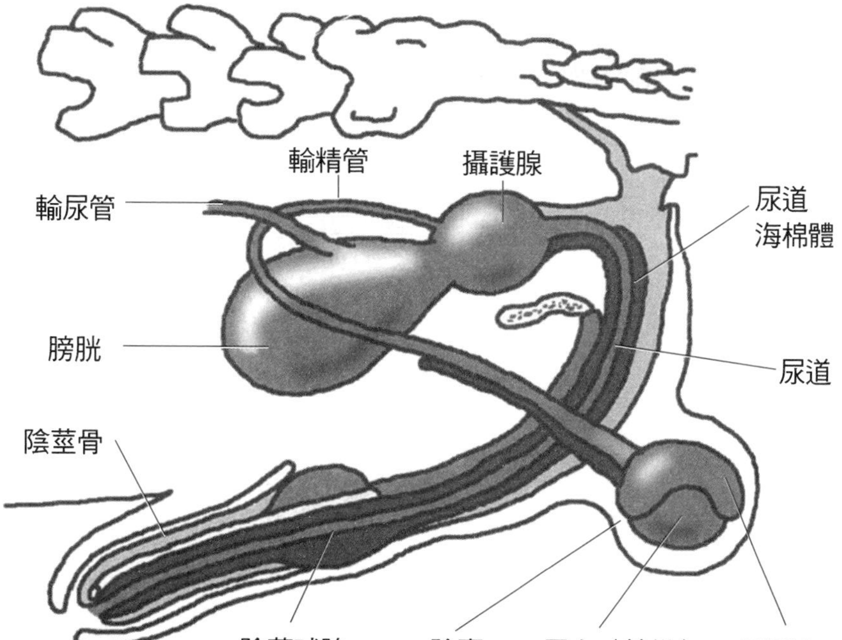

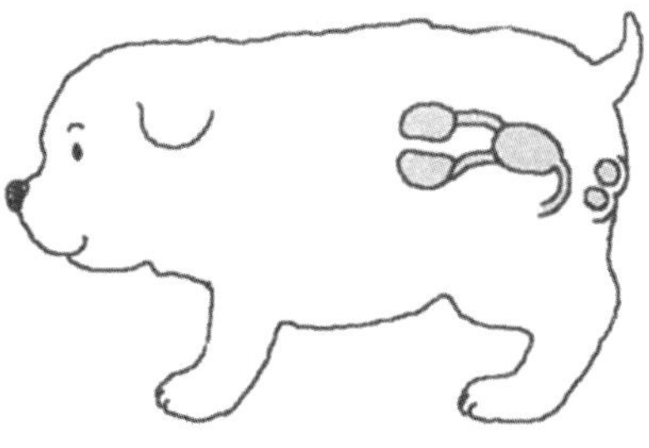

在胎兒時期，睪丸位於腎臟後方，接近出生時期，會逐漸向身體後方移動，出生滿月時，進入肛門附近的陰囊。

攝護腺肥大

原因●由於老化關係，精巢的功能衰退，使荷爾蒙分泌衰退所致。

症狀●攝護腺肥大會逐漸發生，本身沒有症狀。

攝護腺肥大後，會壓迫周圍腸子、膀胱和尿道，引起各種症狀。會發生明明有便意，卻無法排便的嚴重便秘現象，或是發生排尿困難或尿頻的症狀。

治療●若攝護腺肥大情形不嚴重，可以使用飲食療法和服用藥物進行治療。也可以將荷爾蒙劑放在體內。當肥大的症狀變嚴重，可以藉由手術取出攝護腺。

預防●在幼犬時就結紮，就可以避免攝護腺肥大。

容易罹患的犬種●所有犬種的老年公狗。

攝護腺炎

原因●攝護腺受到細菌感染引起炎症的疾病。大腸菌、葡萄球菌和鏈球菌都可能成為致病細菌。

症狀●急性攝護腺炎，狗狗會渾身無力，體溫升高，食慾不振。還會有便秘、排尿困難的情形，以及尿液呈茶褐色，混有血絲的現象。另一方面，由於攝護腺腫脹，走路樣子也可能出現異常。當攝護腺劇烈疼痛時，會常彎著腰，不喜歡別人摸牠的腹部。

慢性攝護腺炎沒有明顯症狀，但受細菌感染的狀態會一直持續。

治療●由於是細菌感染所致，必須使用抗生素治療。

預防●進行絕育手術。

容易罹患的犬種●老年的公狗。

攝護腺腫瘤

原因●一般認為與精巢製造的性荷爾蒙平衡有關，但發病原因仍有待研究。

症狀●雖然罹患攝護腺腫瘤的機率並不高，但很可能是惡性腫瘤。

首先，初期會有便秘、排便和排尿困難的症狀，與攝護腺肥大的症狀十分相似。當腫瘤惡化時，腹部和腰部會疼痛。

若進一步惡化，會不喜歡走路，甚至不良於行。由於可能轉移到脊髓和肺部等全身，當發生轉移時，該位也會出現症狀。

治療●手術取出攝護腺。

預防●接受絕育手術。

容易罹患的犬種●所有犬種的公狗。

攝護腺
的構造

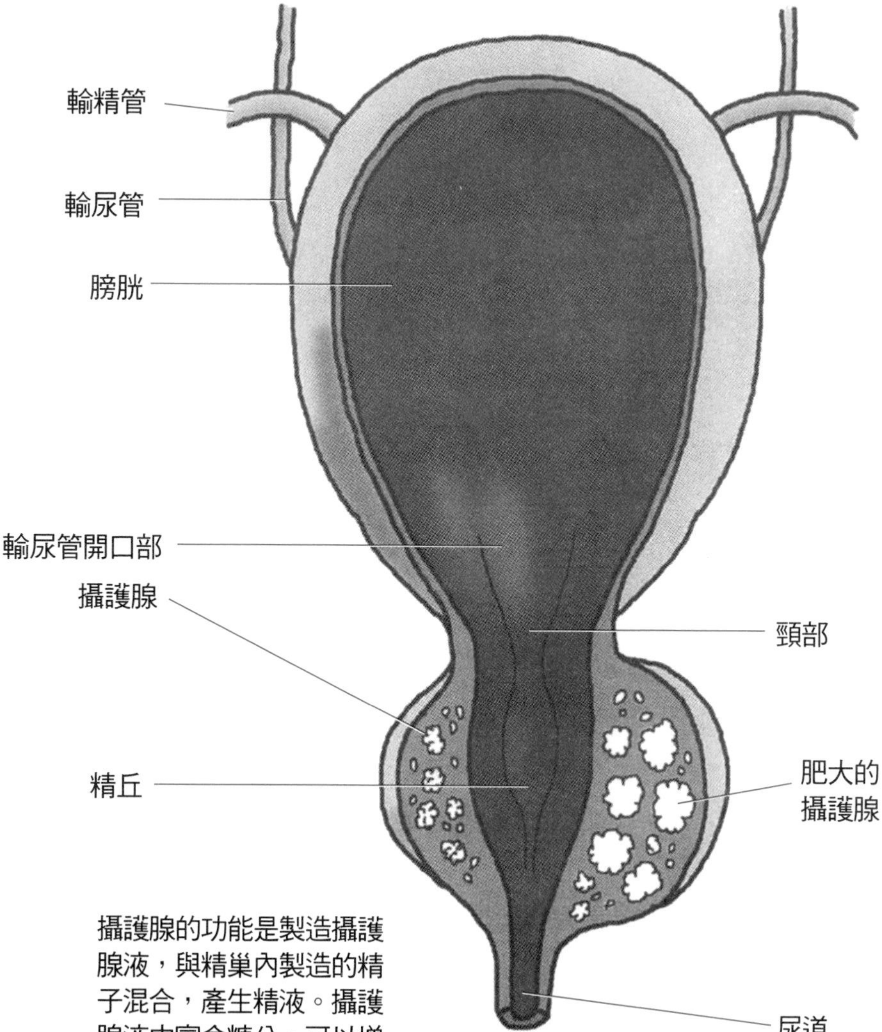

攝護腺的功能是製造攝護腺液，與精巢內製造的精子混合，產生精液。攝護腺液中富含糖分，可以增加精子活力。

母狗的疾病

生殖器包括子宮、陰道和乳房等，當荷爾蒙失調，容易發生疾病。

子宮蓄膿症

原因●子宮受到大腸菌、鏈球菌、葡萄球菌等細菌感染，會發生子宮蓄膿。在正常情況下，子宮入口的子宮頸關閉，但在發情期，子宮頸會張開，細菌容易侵入子宮。坐在地上時，肛門周圍的細菌也容易進入陰道。

子宮原本具有免疫作用，即使感染細菌，也可以避免炎症的發生，但當荷爾蒙失調，免疫作用就會衰退，細菌容易繁殖。而且，發情期的子宮黏膜具有將精液送入子宮深處的功能，細菌也可以隨之進入子宮深處。感染後，發情期一旦結束，子宮頸又再度閉合，入侵的細菌就會增殖、化膿。

症狀●會大量喝水，大量排尿，由於子宮蓄膿，所以腹部會腫大，外陰部也會腫大，不喜歡別人摸牠的腹部。

疾病分為開放性和閉鎖性二大型，開放性的外陰部會分泌濃汁或帶有惡臭的分泌液，由於很不舒服，狗會經常舔自己的外陰部。

若症狀惡化，會出現食慾不振、嘔吐、發燒等症狀，更進一步惡化時，會出現貧血、腎臟功能不全等現象。甚至導致子宮破裂，危及生命。

治療●要將子宮、卵巢和子宮頸藉由手術摘除。手術摘除，就不會再度發生相同的疾病。但如果想要懷孕、分娩，需要使用抗生素和抗菌藥進行治療，但很容易復發。

預防●進行絕育手術。

容易罹患的犬種●聖伯納犬、羅特維拉犬、鬆獅犬、貴賓犬、威爾斯柯基犬、博美犬等犬種。尤其是5～7歲以上，沒有懷孕、分娩經驗的狗，或是有分娩經驗，卻長期沒有交配的狗要特別留意。

母狗 生殖器 的構造

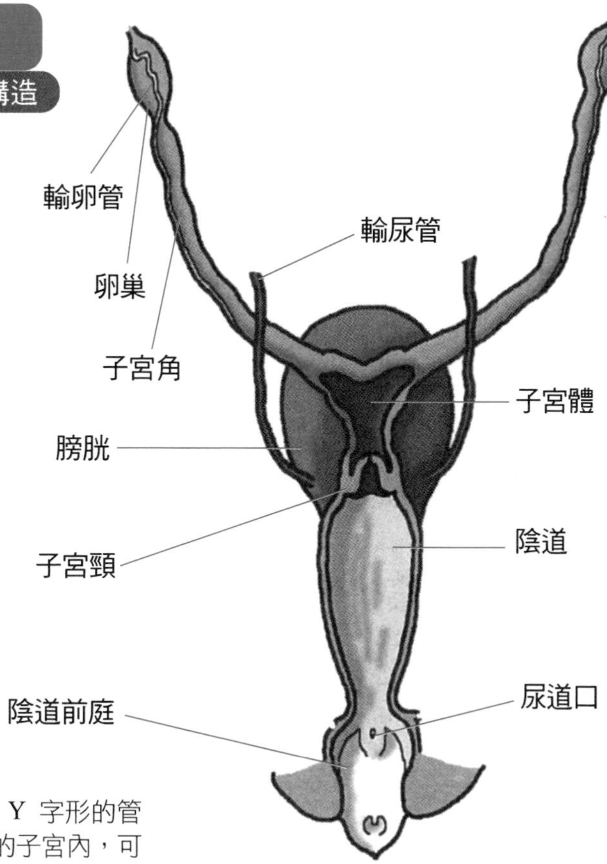

母狗的子宮呈 Y 字形的管狀，在這管狀的子宮內，可以孕育多胎小狗。

月經代表可以懷孕

發情期時的出血是排卵前子宮充血造成，代表「我快要排卵囉！」當有出血現象時，代表已經可以交配，狗平均每年有二次發情期。

卵子是在卵巢所製造，排卵時，會經由輸卵管送至子宮，並在輸卵管內等待和精子的結合。二個卵巢一次可以排出多個卵子，因此，狗的一胎都生好幾隻小狗。

乳腺炎

原因●當乳汁分泌過剩或是乳腺受到細菌感染時引起的疾病。在分娩後，如果幼犬死亡，或幼犬數目較少時，也可能發生乳腺炎。在發情期大量分泌乳汁，也可能罹患該疾病。

症狀●會出現全身發熱現象，乳腺也會發熱，由於硬塊會疼痛，因此，狗狗不喜歡別人摸牠，也可能會分泌黃色乳汁。

治療●在餵乳期間，必須中斷餵乳，用冷濕布冷卻乳房。

同時，使用消炎劑和荷爾蒙抑制炎症。如果有細菌感染，需要使用抗生素治療。

預防●如果沒有讓狗狗懷孕的計畫，必須趁早做絕育手術。

容易罹患的犬種●分娩、發情期後的所有犬種的母狗。

陰道炎

原因●發情期和交配、分娩時，陰道受到細菌和真菌感染引起的疾病。也可能是子宮內膜受到細菌感染引起的子宮內膜炎擴散至陰道，引起的陰道炎。

症狀●陰道發生炎症後會紅腫，陰道會分泌帶有異味的分泌物。外陰部和臀部會發出異味，狗也會舔自己的外陰部和臀部。如果不是很嚴重，不會有其他症狀。

治療●清洗陰道殺菌。由於是細菌和真菌引起的炎症，需要使用抗生素和抗真菌劑進行治療。

預防●保持生活環境清潔十分重要。尤其在發情期，細菌容易入侵陰道，可以用自來水清洗陰部。

容易罹患的犬種●所有犬種的母狗。

容易發生異常分娩的犬種

狗的分娩通常都很順利，但由於犬種不同，分娩的情況也不相同。

超小型犬種、頭部較大的犬種、肩膀較寬的犬種在分娩時，可能無法順利分娩，容易發生異常分娩。

波士頓㹴、蘇格蘭獵犬、鬆獅犬、北京犬、鬥牛犬、西里漢㹴、吉娃娃、西施犬等都容易發生難產。

心理的疾病

當飼養環境發生變化，狗會承受各種壓力，可能產生心理疾病。

緊迫症候群

原因●疾病與壓力有很大的關係。當長時間被關在家中無所事事時，會一直重複某個動作。

症狀●會一直追著自己的尾巴，或是追根本不存在的蟲子，不斷重複毫無意義的動作。也會舔腳等身體的某個部分，造成皮膚炎。

治療●使用抗不安藥物緩和症狀。

預防●避免壓力最重要。要安排散步和運動的時間，和狗狗之間保持接觸。

容易罹患的犬種●承受壓力的所有犬種。

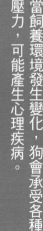

分離憂鬱症

原因●如果飼主過度溺愛狗狗，滿足牠所有的要求時，狗狗對飼主會產生強烈的依賴心。因此，只要飼主不在身邊，就會陷入強烈的不安，這種不安感會引發各種問題行為。

症狀●當飼主不在家時，就會出現問題行為。每隻狗的問題行為各不相同，通常都是隨地大小便、打壞房間內的東西，或是大聲吠叫等。另外，也會有食慾不振、暴飲暴食、嘔吐、腹瀉、流口水、氣喘如牛、脈搏加速等，也會因經常舔腳導致皮膚炎。

治療●使用行為療法，使狗狗適應飼主外出。

剛開始時，只有外出數秒而已，逐漸增加外出時間，消除狗狗因為飼主不在而產生的不安。

嚴重時，需要使用抗不安藥，在維持狗狗心情平靜的情況下，採取行為療法。

預防●從幼犬開始，就要讓狗狗了解人和狗之間的主從關係，在室內也為牠安排一個空間，使狗狗和人類的生活有一線之隔。平時讓狗狗在牠的「地盤」生活，只有在飼主允許時，才可以走出「地盤」。

必須明確區分和狗狗遊戲的時間和不理會牠的時間，培養牠的獨立心。

容易罹患的犬種●怕寂寞的狗，整天和飼主黏在一起的狗。

攻擊性行為

原因●若狗狗基於優越性採取攻擊性行為時，除了性格，原因可能是主人過度溺愛，使狗狗想要成為飼主和家人的主人。

若是基於恐懼而採取攻擊性行為，通常是在幼犬時缺乏和社會的接觸，在精神不安的狀態下度過幼犬時代，因此，對新的刺激會產生過度反應，基於恐懼而富有攻擊性。為了保護自己地盤而採取攻擊性行為。

症狀●優越性的攻擊性行為通常發生在別人伸手去拿狗喜歡的東西時，牠會豎起耳朵和尾巴威嚇對方或發出低吼，甚至會咬人。基於恐懼，在遇到比自己更強的狗或陌生人時，就會垂下耳朵，將尾巴夾在兩腿之間。為了保護地盤，只要有訪客或其他貓靠近，就會拼命吠叫，試圖威嚇對方。

治療●需要藉由行為療法讓狗狗認清飼主才是主人。如果是公狗，去勢後，症狀也可能好轉。若基於恐懼，可以採取行為療法，在牠遇到害怕的對象時，給牠喜歡的東西，緩和牠的恐懼。對於保護地盤的問

豎起耳朵和尾巴時，代表是基於優越性的攻擊

基於恐懼的攻擊時，會垂下耳朵，將尾巴夾在兩腿之間

題，可以尋求訪客的協助，請訪客帶狗狗喜歡的東西，適應。

預防●想要避免優越性的攻擊，就要避免溺愛，一定要讓狗了解飼主的主導地位。為了避免恐懼的攻擊性行為，可以在幼犬時，就經常帶牠外出，和其他狗相處、玩耍，並和不同的人接觸，使牠對其他狗和人產生友好感情。從幼犬時期開始讓牠和人接觸，還可以避免牠為了保護自己地盤而吠叫。

容易罹患的犬種●所有犬種都可能發生優越性的攻擊行為。出生後立刻和母狗分離的狗、從小沒有和其他人和狗接觸的狗、幾乎很少外出的狗等等，都容易發生基於恐懼的攻擊行為。攻擊性、防禦本能較強的狗，容易為了保護地盤而採取攻擊性行為。

中毒

在周圍環境中，有許多誤吞會導致生命危險的東西。或會引起各種症狀。

食物中毒

原因●馬鈴薯的芽或毒菇等食物會導致中毒症狀。洋蔥等蔥類中所含的物質會破壞狗的紅血球，引起溶血性貧血。馬醉木（Pieris japonica）的葉子和樹皮中所含的有毒成分會影響神經功能。另外葡萄乾、巧克力也切勿餵食。

症狀●若為洋蔥中毒，在食用後的1～2天，會出現貧血和黃疸症狀，排出紅色或紅褐色的尿液。或出現腹瀉、嘔吐和脈搏加速的症狀。

馬醉木中毒會出現神經障礙、流口水、嘔吐、走路異常，也可能引起呼吸困難。

治療●不同的食物必須使用不同的方法治療，可以讓狗狗嘔吐或洗胃，也可以注射解毒劑。

預防●飼主必須隨時注意，不要讓狗狗吃可能引起中毒的東西。為了避免馬醉木中毒，在散步時，要避免吃院子裡或山裡的馬醉木樹葉或嫩芽。若餵狗吃人類的食物，很可能不小心吃到洋蔥、葡萄乾或巧克力。

容易罹患的犬種●所有犬種。

藥物中毒

原因●誤食家中的驅蟲劑或滅鼠劑、除草劑等藥品，或是接觸被皮膚吸收，而發生藥物中毒。

症狀●誤食或誤碰的藥物種類不同，會出現不同的症狀，通常會突然大量流口水，脖頸和四肢出現痙攣、呼吸障礙。甚至口吐白沫，全身痙攣的危險狀態。

治療●根據造成中毒的藥物種類，使用不同的治療方法。如果知道狗狗誤吞的藥物，可以告訴獸醫，或帶去給獸醫看。治療需要洗胃，中和藥物毒性。

預防●飼主必須保管好藥物，絕對不要將危險藥物隨便亂放。使用藥物要讓狗狗遠離，避免誤碰。

容易罹患的犬種●所有犬種。

食物中毒常見的症狀

原因物質
食物：洋蔥、蔥、巧克力、葡萄乾
植物：牽牛花的種子、馬醉木、宮人草（amaryllis）、番紅花的球根、罌粟、毛地黃、馬鈴薯芽、石南、鈴蘭、鐵樹的果實、石蒜、金盞花。

藥物中毒常見症狀

原因物質
顏料、化粧品、殺蟲劑、洗潔劑、香菸、油漆、樟腦丸。

動物保護網站

公立單位——收容認養資訊

行政院動物保護資訊網
http://animal.coa.gov.tw/htm13/index.php

私人團體

關懷生命協會
02-2542-0959
http://www.lca.org.tw/index.asp

寶島動物園——台中市世界聯合保護動物協會
04-26200102 / 04-26200103
http://www.tuapa.org.tw/

台北縣弱勢生命照顧協會
02-26186580

桃園縣動物保育協會
http://www.love-animal.org/

桃園縣弱勢動物保育協會
03-3347317

新竹市保護動物協會
03-5315437
http://www.sawh.org.tw/

中華民國文殊救生保育協會
04-23769533

宜蘭縣流浪狗關懷協會
03-9892570

台南市關懷動物生命協會
http://www.tcala.org.tw

台南縣關懷流浪動物協會
06-5850838 / 06-5832367

高雄市關懷流浪動物協會
07-5226699
http://kcsaa.org.tw / Joomla_159/

花蓮縣動物權益促進會
03-8421452

花蓮縣保護動物協會
03-8422610
http://www.hapa-straydog.org.tw

澎湖縣保護動物協會
06-9269330

財團法人流浪動物之家基金會
02-29452953
http://www.hsapf.org.tw/

中國棄犬防虐協會
02-22510735 / 02-23880659

中華民國世界聯合保護動物協會
02-23650923
http://www.upaa.org.tw/

中華民國動物福利環保協進會
02-26306011
http://www.dog99.org/

寵物墓園

康寧寵物安樂園
02-26641826
新北市深坑區北深路三段 95 巷 51 號

北新莊寵物安樂園
02-26220449
新北市淡水區北新路一段 603 號

慈愛寵物樂園
02-86762111
新北市三峽區介壽路三段 172 巷 30 號 237 號

華富山專業納骨塔
02-26104000
新北市八里鄉埤頭村華富山 8-2 號

台富動物焚化處理服務中心
04-22119779
台中縣霧峰鄉復興路二段 9 號

正忠寵物處理中心
04-26656093
彰化縣福興鄉龍舟路 34 號

寶貝寵物店特約樂園
06-2605254 / 06-2145885
台南市東區崇明路 38 號

大坑古厝白馬神廟
06-5901899
台南縣新化鎮大坑尾 246-2 號

康寧犬貓樂園
07-5835374
高雄市左營區左營大路 437 號

乙華山莊寵物樂園
07-3838200
高雄市澄清路 429 巷 4 號

Note

Note

國家圖書館出版品預行編目資料

狗狗疾病圖解大百科 / 武內尤加莉監修 ; 王蘊潔譯.
-- 初版. -- 新北市 : 世茂, 2015.09
面；　公分. --（寵物館 ; A27）

ISBN 978-986-5779-88-7（平裝）

1.犬 2.疾病防制

437.355　　104011059

寵物館 A27

狗狗疾病圖解大百科

監　　修／武內尤加莉
審　　訂／諶家強
譯　　者／王蘊潔
主　　編／陳文君
責任編輯／張瑋之
出 版 者／世茂出版有限公司
負 責 人／簡泰雄
地　　址／（231）新北市新店區民生路 19 號 5 樓
電　　話／（02）2218-3277
傳　　真／（02）2218-3239（訂書專線）
（02）2218-7539
劃撥帳號／ 19911841
戶　　名／世茂出版有限公司　單次郵購總金額未滿 500 元（含），請加 50 元掛號費
世茂網站／ www.coolbooks.com.tw
排版製版／辰皓國際出版製作有限公司
印　　刷／祥新印刷股份有限公司
初版一刷／ 2015 年 9 月
三刷／ 2019 年 1 月

I S B N ／ 978-986-5779-88-7
定　　價／ 280 元

黏貼處

世茂好書．豐富心靈
世潮精典．智慧同行

電話：(02) 22183277
傳真：(02) 22187539

廣告回函
北區郵政管理局登記證
北台字第 9702 號
免貼郵票

231新北市新店區民生路19號5樓

世茂
世潮 出版有限公司 收
智富

黏貼處

請沿虛線剪下裝訂寄回，謝謝！

讀者回函卡

感謝您購買本書，為了提供您更好的服務，歡迎填妥以下資料並寄回，
我們將定期寄給您最新書訊、優惠通知及活動消息。當然您也可以E-mail：
Service@coolbooks.com.tw，提供我們寶貴的建議。

您的資料（請以正楷填寫清楚）

購買書名：________________

姓名：________ 生日：____年____月____日

性別：□男 □女 E-mail：________________

住址：□□□______縣市______鄉鎮市區______路街
______段______巷______弄______號______樓

聯絡電話：________________

職業：□傳播 □資訊 □商 □工 □軍公教 □學生 □其他：______

學歷：□碩士以上 □大學 □專科 □高中 □國中以下

購買地點：□書店 □網路書店 □便利商店 □量販店 □其他：______

購買此書原因：___ ___ ___ ___ ___ ___（請按優先順序填寫）
1封面設計 2價格 3內容 4親友介紹 5廣告宣傳 6其他：______

本書評價：___ 封面設計 1非常滿意 2滿意 3普通 4應改進
___ 內　容 1非常滿意 2滿意 3普通 4應改進
___ 編　輯 1非常滿意 2滿意 3普通 4應改進
___ 校　對 1非常滿意 2滿意 3普通 4應改進
___ 定　價 1非常滿意 2滿意 3普通 4應改進

給我們的建議：--

